Peter Assmann

Zeitgerechte Floristik

Fachbuch für die Ausbildung und Weiterbildung im Beruf Florist

FDF

Fachverband Deutscher Floristen e.V.
Bundesverband

Die Zeichnungen wurden von Peter Assmann und Meisterschülern der FDF-Lehrgänge in Grünberg angefertigt.

Fotos:
Hans Thalmann, Foto Studio 64,
Bonn-Bad Godesberg
Walter Woller, Frankfurt
Peter und Anke Amann, Hohenems, Österreich
ASFO-Flor, Paris
Andrea Latz, Düsseldorf
Koji Ikeda, Tokio, Japan
Peter Assmann, Siegen

Allen Beteiligten danke ich an dieser Stelle sehr herzlich für ihre Beiträge.

Herausgeber:
Förderungsgemeinschaft Blumen GmbH,
FloristPark International
Theodor-Otte-Straße 17A, D-45897 Gelsenkirchen
Telefon (02 09) 9 58 77-0, Fax 9 58 77-70
im Auftrag des
Fachverbands Deutscher Floristen e.V.
- Bundesverband -

6. Auflage

ISBN 3-87170-039-8

Umschlag und Layout:
grafikdesign Lichtblau, D-89343 Jettingen
Gesamtherstellung:
Appel-Druck Donau-Verlag GmbH
D-89312 Günzburg

Sie finden in diesem Buch

9 Einleitung

11 Die vier Gestaltungsarten

12 *1 Die vegetative Gestaltungsart*

12 Grundlagen
13 Die Gefäßbepflanzung
14 Das Gesteck
15 Das Gesteck mit imaginärem Wachstumspunkt
16 Das Parallelgesteck
17 Der Kranz
18 Der Strauß
19 Der Brautstrauß
20 Die wichtigsten Kriterien der vegetativen Gestaltungsart in zwangloser Reihenfolge

21 *2 Die dekorative Gestaltungsart*

21 Grundlagen
23 Der Strauß
24 Straußvarianten
25 Das Gesteck
26 Das Trendgesteck
27 Der Brautstrauß
28 Der aufgelockerte Brautstrauß
29 Der Kranz
31 Der dekorative Kranz mit Gruppenschmuck
32 Die Gefäßbepflanzung
33 Die wichtigsten Kriterien der dekorativen Gestaltungsart in zwangloser Reihenfolge

34 *3 Die formal-lineare Gestaltungsart*

34 Grundlagen
37 Das Gesteck
38 Der Strauß
39 Der Brautstrauß
41 Der Kranz
42 Die Gefäßbepflanzung
43 Die wichtigsten Kriterien der formal-linearen Gestaltungsart in zwangloser Reihenfolge

44 *4 Die parallele Gestaltungsart*

45 Grundlagen
46 Parallel-vegetativ
47 Parallel-dekorativ, parallel-graphisch
48 Das Gesteck
49 Die räumliche Ausprägung
50 Der Strauß
51 Parallel-vertikal
52 Parallel-horizontal
53 Der Brautstrauß
54 Der Kranz
55 Die Gefäßbepflanzung
56 Die wichtigsten Kriterien der parallelen Gestaltungsart in zwangloser Reihenfolge

57 Spezielle Gestaltungsformen

58 *5 Die objekthafte Gestaltung*

58 Das Objekt
59 Der Raumschmuck
60 Dauerhafter Raumschmuck
61 Blume und Geschenk

62 *6 Die Flächengestaltung*

62 Zweidimensionales Gestalten
63 Formen, Linien, Kontraste und Gruppen
64 Floral-Collagen
65 Wirkungen

66 *7 Themengestaltung*

66 Das Schaufenster
67 Zeichnungen
68 Zeichnungen und praktische Ausführung
70 Erntedank
71 Haus des Osiris
72 Natur
73 Jugendstil

74 *8 Die Strukturgestaltung*

77 Spezielle Gestaltungslehre

78 9 *Die Geltungsformen*

78 Formen großer Geltung
79 Formen mittlerer Geltung
80 Formen geringer Geltung

81 10 *Die Bewegungen*

81 Aktive Bewegungsformen
85 Passive Bewegungsformen
87 Gräserbild

89 11 *Die Oberflächenstrukturen*

93 Allgemeine Gestaltungsgrundlagen

94 12 *Die Symmetrie*

94 Symmetrie = Ebenmaß
95 Das Werkstück in strenger Ordnung
96 Die Gruppe

97 13 *Die Asymmetrie*

97 Asymmetrie = Ungleichmäßigkeit
98 Gruppierung innerhalb der Asymmetrie als erste Größe
99 Die Gruppe

100 14 *Die Proportionen*

100 Gleiche Größen- und Mengenverhältnisse
101 Ungleiche Größen- und Mengenverhältnisse

102 15 *Die Reihung*

102 Einfache Reihung
103 Einfache Reihung und rhythmische Reihung

104 16 *Die Staffelung*

104 Raumerfassung
105 Grundelement freier Gruppen

106 17 *Die Summierung*

107 18 *Die Reduzierung*

108 19 *Das Milieu*

109 20 *Der Akzent*

109 Farbakzent
110 Strukturarbeit
111 Formakzent
112 Akzent gesteigert durch Licht

113 21 *Die Formation*

114 22 *Die Spannung*

117 23 *Die Flächengliederung und Tiefenschichtung*

119 Tiefenschichtung

121 24 *Die Farben*

124 Farbharmonien
128 Farbkreis
129 Farbharmonien

131 Die Werkstücke

132 25 *Der Brautstrauß*

136 Brautstraußformen
139 Dekorative Strukturbrautsträuße
145 Die ausgewählte Technik muß für die jeweilige Arbeit sinnvoll sein

146 *26 Der Kopfschmuck*

150 *27 Der Strauß*

151 Straußtypen und Formen
155 Dekorativer Strauß
156 Dekorativer Strauß und modisch dekorativer Strauß
157 Dekorativ gruppierter und gestaffelter Strauß
158 Dekorativer Strukturstrauß
159 Parallel objekthaft gestaffelter Strauß
160 Parallel-horizontal

161 *28 Das Gesteck*

162 Gesteckformen und deren Zuordnung nach Gestaltungs- und Ordnungsart
164 Dekorativ-asymmetrische Trendgestecke
165 Vegetativ-asymmetrisches Gesteck
166 Formal-lineare Gestecke
167 Parallel-vegetative Gestecke
168 Parallel-dekorative Gestecke
168 Parallel-variante Formation
169 Parallel-graphische Gestecke
170 Gestaltungsvarianten
171 Handwerkliche, technische Verarbeitung

172 *29 Die Gefäßbepflanzung*

174 Gefäßbepflanzung für den Außenbereich
176 Gefäßbepflanzung für den Innenbereich
177 Gefäßbepflanzung für den Außenbereich

178 *30 Der Kranz*

178 Trauerkranz
181 Kranzschmuck
186 Kranztypen und Schmuckformen
189 Handwerkliche und gestalterische Anforderungen

192 *31 Keramikgefäße und Objekte*

192 Alte und neue Gefäßformen

203 Botanische Namen · Fachbegriffe

204 *32 Botanische Namen*

216 *33 Fachbegriffe*

Einleitung

Das vorliegende Buch behandelt in erster Linie gestalterische Gesichtspunkte der Floristik. Dennoch erscheint hin und wieder ein Hinweis auf die technische Vorgehensweise.
Der Titel „Zeitgerechte Floristik" stellt nicht nur den momentanen Zustand der teilweise sehr modischen Einflüssen unterliegenden Floristik dar, sondern zeigt die Entwicklung der letzten 20 Jahre.
Daher wurden nicht nur Bilder der neuesten Arbeiten in unserem Beruf ausgewählt. Das Bildmaterial stammt ebenfalls aus zwei Jahrzehnten, die überwiegende Mehrheit der Fotos ist jedoch in den Jahren 1987 und 1988 aufgenommen worden. Wenn auch nicht alle Aufnahmen fototechnisch ganz einwandfrei sind, so zeigen sie doch, was sie zeigen sollen.
Neben der Aufarbeitung der allgemeinen Gestaltungsgrundlagen werden in diesem Buch die vier Gestaltungsarten, die am häufigsten in der Floristik Anwendung finden, behandelt. Beispiele spezieller Gestaltungsformen machen bewußt, daß Gestaltung ein nie endendes Thema ist. Aus diesem Grund muß erkannt werden, daß die in dem Kapitel „Die Werkstücke" vorgestellten Möglichkeiten formaler Ausprägung unserer Floristik nur beispielhaft sein können. Anspruch auf Vollständigkeit wird keinesfalls erhoben. Dennoch findet jeder Leser und Betrachter viele Anregungen für Gestaltungsformen.
Ergänzend zum Text und den Fotos sind in vielen Bereichen Zeichnungen verwendet worden, um die Klarheit der Aussagen zu steigern.
Eine kleine Auswahl von Keramikgefäßen und Keramikobjekten soll die Auseinandersetzung mit diesem wertvollen Gut anregen. In einer Zeit, in der oft vom Zerfall der Kultur geredet wird, ist eine solche Bewußtmachung besonders wichtig. Das Gefühl für den Wert handgearbeiteter Töpferware muß wieder gefördert werden.
Die aufgeführten botanischen Namen sind aus Bereichen zusammengestellt, die in der Zukunft für den Floristen immer größere Bedeutung gewinnen. Gehölze, Stauden, Sumpf- und Wasserpflanzen, aber auch Kübelpflanzen sind hier zu finden.
Den Abschluß des Buches bilden die Fachbegriffe, die im wesentlichen in den Lernheften „Lernen mit florist" auch schon abgedruckt waren.
Mein herzlicher Dank gilt dem Fachverband Deutscher Floristen, der als Herausgeber für dieses Fachbuch fungiert.

Allen Lesern wünsche ich nun lehrreiche Stunden mit meinem Buch.

Siegen im April 1990

Peter Assmann

Die vier Gestaltungs-arten

1 Die vegetative Gestaltungsart

Grundlagen

Bei der vegetativen Gestaltung ist primär die möglichst naturnahe Darstellung von Blumen und Pflanzen angesprochen. Der Florist strebt bei dieser Gestaltungsart danach, mit seinem Werkstoff so zu gestalten, daß der Geltungsanspruch und die Bewegungen größtmögliche Berücksichtigung erfahren.
In einer Arbeit mit einer Vielfalt von Blumen und Pflanzen soll darüberhinaus auch weitestgehend die Pflanzensoziologie Beachtung finden, wobei dies vor allem für die Gefäßbepflanzung gilt.
Die vegetative Gestaltung wird in der Regel asymmetrisch gearbeitet (freie Ordnung). Um die Asymmetrie richtig zu begreifen, ist es sinnvoll, zunächst die Gestaltungsmöglichkeiten mit drei unterschiedlich großen Gruppenteilen zu erlernen.
Die Hauptgruppe dominiert in einer Dreiergruppierung immer. Der Gewichtsausgleich wird durch die Gegengruppe erreicht, die als zweitgrößter Gruppenteil am weitesten entfernt ist.
Als kleinster Gruppenteil erscheint die Nebengruppe, die in der Regel nahe bei dem größten Gruppenelement liegt.
Als Leitspruch für die vegetative Gestaltung kann allgemein festgehalten werden, daß die Werkstoffe so angeordnet werden, wie sie in der Natur gewachsen sind oder gewachsen sein könnten.
Es gilt aber nicht die Natur zu kopieren oder zu imitieren, sondern sie soll interpretiert werden.

Haupt-, Gegen- und Nebengruppe aus einem Wachstumspunkt. (Idealisierter Wachstumspunkt)

Gesteck mit Haupt- und Gegengruppe aus einem Wachstumspunkt. (Idealisierter Basispunkt).

Bei dieser Arbeit mit Haupt-, Gegen- und Nebengruppe wird aus dem imaginären Wachstumspunkt gestaltet.

Die Gefäßbepflanzung

Bei dem angesprochenen Thema ist als erstes die Frage nach dem Standort zu stellen; hierbei sind zwei verschiedene Standorte zu berücksichtigen:
1. Der im Wohnraum
2. Der im Freien.

Von der Wahl des Standortes hängt im wesentlichen die Auswahl der Pflanzen, des Pflanzsubstrates und der Gefäße ab. Besondere Eigenheiten sind zu berücksichtigen: Ein Standort im Freien kann zum Beispiel überdacht sein.

Auf die Pflanzensoziologie und Physiologie, also Herkunft, Bedarf von Temperatur, Licht, Wasser usw., muß ebenfalls in großem Maße Rücksicht genommen werden. Gestalterische Gesichtspunkte wie Größenverhältnis der Pflanzen zueinander, Geltungsansprüche, Bewegungen, Strukturen, Gruppierungen und nicht zuletzt die Wuchsgeschwindigkeit stehen als weitere Überlegungen an.

Harmonie zwischen Gefäß und Pflanzung, sowohl von den Größenverhältnissen, Farben und Strukturen, als auch von der Wahl des Gefäßes an sich ist wichtig, wobei sich Keramik und Natursteingefäße in zurückhaltenden Farben besonders für eine vegetative Pflanzung eignen.

Pflanzung für den Freilandbereich.

Gefäßbepflanzung für einen hellen Standort im Wohnraum.

Das Gesteck

Idealisiert vegetativ aus einem Wachstumspunkt.

Vegetative Gestecke können in unterschiedlicher Art gestaltet werden. Eine der bekanntesten Formen ist die Gestaltung aus einem Wachstumspunkt heraus. Bei dieser Art der Vorstellung des Werkstoffes wird insbesondere darauf Wert gelegt, daß alle Linien optisch und tatsächlich in einem Punkt zusammenlaufen. Dieser Wachstumspunkt liegt immer im Gefäß, aus dem heraus gearbeitet wird. Die sichtbaren Linien und Bewegungen sollen sich auch im freien Raum optisch nicht überschneiden. Kleine, tatsächliche Überschneidungen, die optisch nicht ins Gewicht fallen, sind gestattet.

Diese klassische Form der vegetativen Gestaltung wird auch idealisiert vegetativ genannt. Meist wird mit drei Gruppenteilen, der Hauptgruppe, der Gegengruppe und der Nebengruppe in der Asymmetrie gearbeitet. Der Wachstumspunkt darf bei dieser Form mit den drei unterschiedlich großen Gruppenteilen auf keinen Fall in der Mitte des Gefäßes liegen. Richtig ist die Anordnung seitlich von der geometrischen Mitte, verschoben nach vorne oder hinten.

Gesteck mit Haupt-, Gegen- und Nebengruppe aus einem Wachstumspunkt. (Idealisierter Wachstumspunkt)

Das Gesteck mit imaginärem Wachstumspunkt

Eine andere Art der vegetativen Gestaltung ist die, aus einem sogenannten imaginären oder gedachten Wachstumspunkt heraus zu arbeiten.
Dieser Wachstumspunkt liegt nicht im Gefäß, sondern unter dem Gefäß, wobei in dieser Art oftmals aus drei oder mehreren Basisanordnungen gestaltet wird. Im übrigen gelten hier aber alle Kriterien, die bereits in der vegetativ idealisierten Gestaltung beschrieben wurden.

Floristen, welche die bereits erwähnten Formen der vegetativen Gestaltung beherrschen, sind in der Lage, frei und unbegrenzt vegetativ zu gestalten. Dies bringt zwar mit sich, daß bestimmte Systeme oder Schemata wie zum Beispiel die Dreiergruppierung nicht mehr berücksichtigt werden, daß aber in hohem Maße Wert auf wahrhafte Darstellung der Blumen, Blätter, Zweige usw. gelegt wird.

Asymmetrisch aus dem imaginären Punkt heraus gestaltet mit aktiv-aufstrebenden Bewegungen.

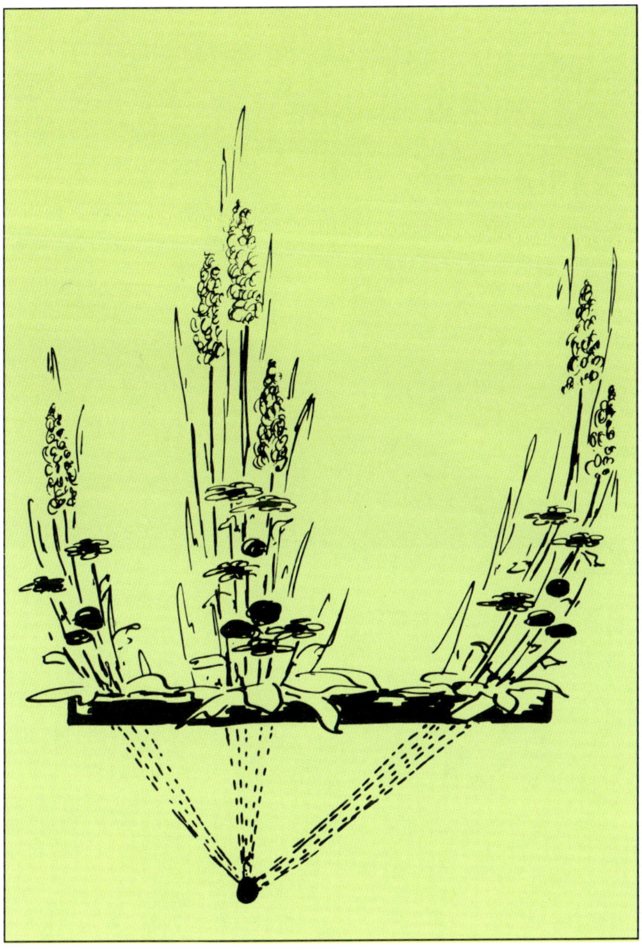

Aus einem Wachstumspunkt asymmetrisch mit aufstrebend-ausschwingenden Bewegungen gestaltetes Gesteck.

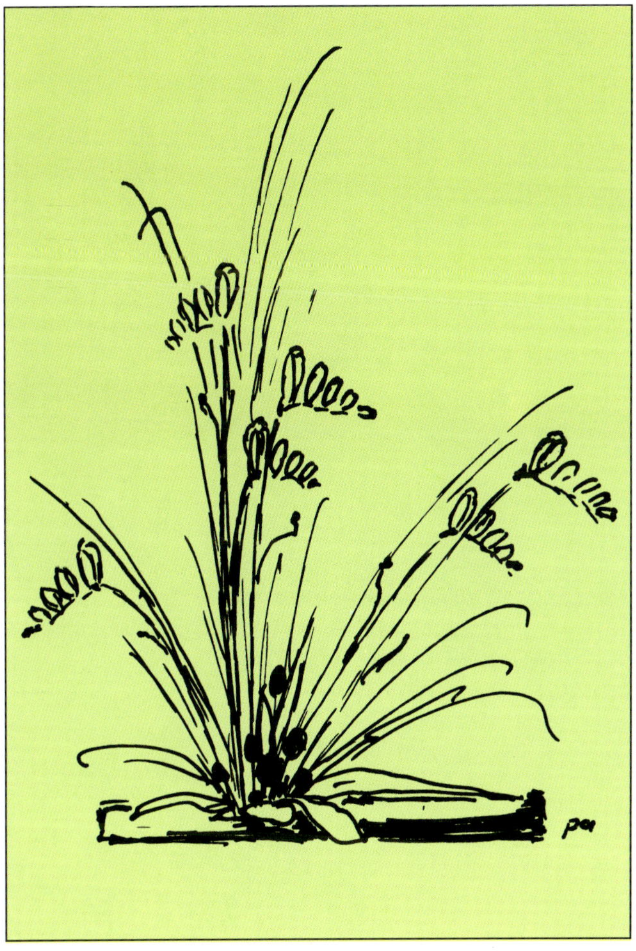

Das Parallelgesteck

Eine weitere Möglichkeit vegetativ zu gestalten besteht in der parallelen Gestaltungsart.
(Siehe „Die parallele Gestaltungsart")

Natürliches Ineinanderwachsen weißer Anemonen. Trotz vieler Überschneidungen verlaufen die Mehrzahl der Stiele parallel zueinander.

Der Kranz

Wie bei den vorher beschriebenen Werkstücken kann auch beim Trauerkranz auf die vegetative Gestaltung zurückgegriffen werden.
Wir unterscheiden hierbei zwei Möglichkeiten:
1. Der Kranzkörper in sich ist wie gewachsen gestaltet und wirkt somit vegetativ, oder
2. der Kranzschmuck ist nach vorgenannten Kriterien gearbeitet.

Bei der erstgenannten Kranzform bietet sich sehr häufig die Möglichkeit, die Werkstoffe mit Wurzeln zu verarbeiten, um hier in einem gewissen Rahmen das Weiterwachsen der Pflanzen zu ermöglichen. Es ist sinnvoll, einen solchen Kranz auf einer Sphagnumunterlage herzustellen. Hierbei sollen vorwiegend sowohl pflanzensoziologische als auch milieubedingte Zusammenhänge in Betrachtung gezogen werden.
Auch bei anderen Kränzen, wie zum Beispiel gesteckt als Tischschmuck, kann vegetativ gestaltet werden. Allerdings wird bei allen Kränzen durch die vorgegebene Kreisform die vegetative Wirkung teilweise eingeschränkt.

Der Strauß

Großes Einfühlungsvermögen ist die Voraussetzung bei der Gestaltung eines Straußes, da bei dieser Art der Verarbeitung der Pflanzenteile neben den gestalterischen Gesichtspunkten der technische Aspekt hinzukommt. Darüberhinaus ist es leichter, eine Blume vegetativ zu stecken, als zu binden.

Die richtige Gefäßauswahl für einen solchen Strauß spielt eine außerordentliche Rolle, denn zu eigenwillige Gefäßformen oder aufdringliche Glasurfarben mindern den vegetativen Strauß in seiner Ausstrahlung.

Eine Edelform wird besonders herausgestellt, wenn nur wenige oder keine anderen Blüten in einem solchen Strauß verwendet werden.

Die aufstrebende Entfaltungsform der Lilie benötigt viel Raum, um ihre Blüten richtig zur Geltung zu bringen.

Der Brautstrauß

Auch der Brautstrauß kann wie gewachsen erscheinen. Dieses wird der Florist erreichen, indem er die Werkstoffe so auswählt und zusammenstellt, daß jede Bewegung der verwendeten Blätter und Blumen, so wie er sie anordnet, in der Natur bzw. an der Pflanze gewachsen sein könnte. Die unterschiedlichen Geltungsansprüche der Werkstoffe müssen ebenfalls beachtet werden.

In der Praxis werden Brautsträuße oft in anderen Gestaltungsarten gearbeitet.

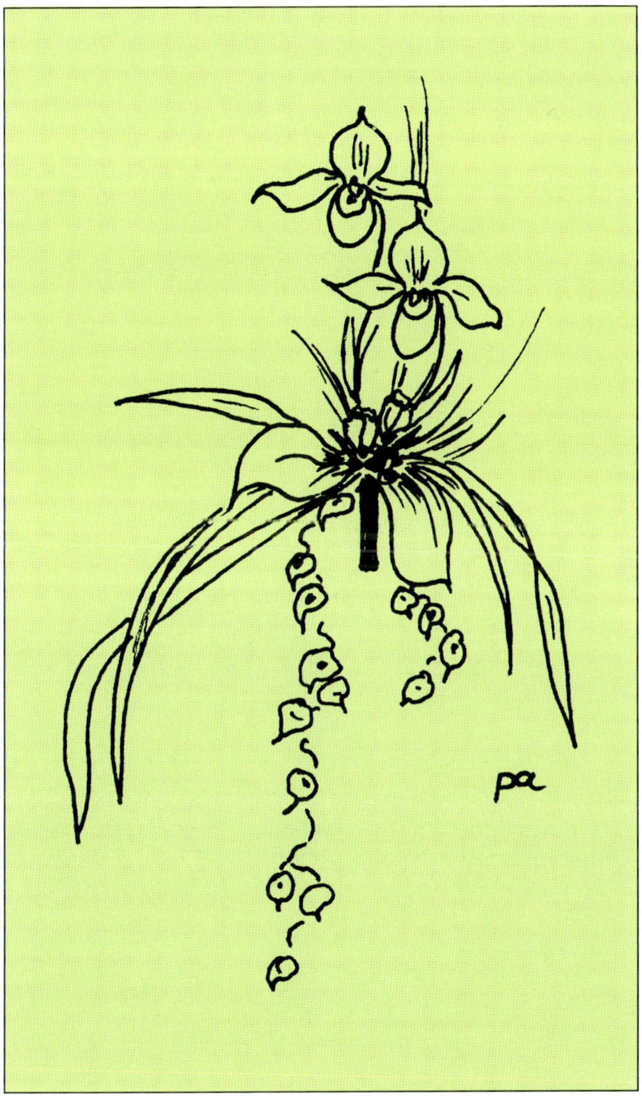

Frauenschuhblüten behalten dann ihre wertvolle Ausstrahlung, wenn sie in einem Brautstrauß nur zu wenigen verarbeitet werden.

Auch die Anthurienblüte besitzt einen hohen Geltungsanspruch und verlangt eine entsprechende Anordnung. Blätter und Gräser ordnen sich unter und steigern somit die Wirkung der Blüten.

Die wichtigsten Kriterien der vegetativen Gestaltungsart in zwangloser Reihenfolge

Zu berücksichtigen sind je nach Werkstück:

- Pflanzensoziologie
- Pflanzenphysiologie
- Gestaltungsanspruch bzw. Form
- Bewegung
- Struktur
- Asymmetrie, eventuell auch Symmetrie
- Proportion
- Staffelung
- Gruppierung
- Milieu
- Ein Wachstumspunkt
- Mehrere Wachstumspunkte
- Freiraum
- Natürliche Vorbilder
- Farbe
- Gefäßauswahl
- Jahreszeit

Da in den verschiedenen Werkstücken der vegetativen Gestaltungsart jeweils nur ein Teil der vorher genannten Kriterien zu beachten ist, sind diese gesondert unter dem entsprechenden Stichwort behandelt. Einige Bereiche sind auch in den anderen Gestaltungsarten von großer Bedeutung und werden dort behandelt.

2 Die dekorative Gestaltungsart

Grundlagen

In der Praxis wird sehr häufig dekorativ gestaltet. Die einzelne Blume oder Pflanze verliert zwar einen Teil ihrer Ausstrahlung, dient aber andererseits dafür, ein neues Ganzes entstehen zu lassen. Die üppige Fülle ist ein wesentliches Kennzeichen des Dekorativen.
Die dekorative Gestaltung wird vorwiegend in der Symmetrie gearbeitet. Recht reizvoll sind aber oft sogenannte Varianten, die zwar dekorativ in ihrer Wirkung, aber dennoch in der Asymmetrie gearbeitet sind. Hierzu sind als Beispiele der Strukturstrauß oder der Wickelstrauß zu nennen.

Sowohl was die Form als auch die Farben anbetrifft, ist die Aussage des Dekorativen normalerweise streng, klar. Eine Arbeit in den Farben gelb-weiß oder blau-weiß wird immer klarer und strenger wirken, als eine bunte Arbeit oder die Verwendung von Pastelltönen.
Wird symmetrisch dekorativ gearbeitet, so muß von der geometrischen Mitte ausgegangen werden, wobei die Werkstoffe spiegelgleich anzuordnen sind. Gelbe Rosen, die auf der rechten Seite erscheinen, müssen sich auf der linken Seite wiederholen. Das gleiche gilt im allgemeinen für die Farben, Formen und Bewegungen.

Kegelform mit geschlossenem Umriß symmetrisch gestaltet (Formbinderei).

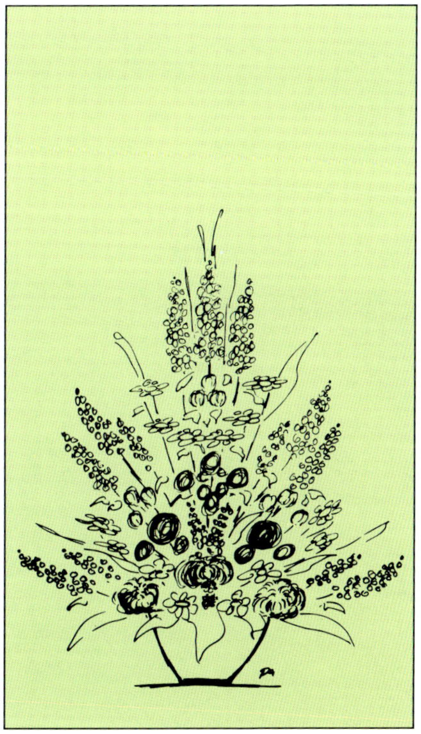

Dekorativ mit aufgelockertem Umriß symmetrisch angeordnet.

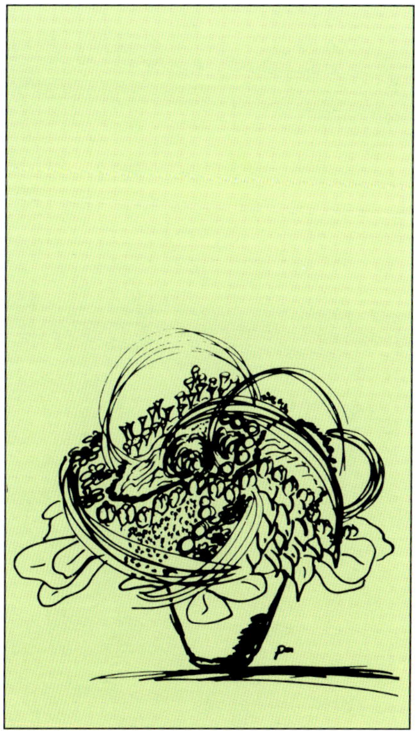

Strukturell gestaltet und im Detail asymmetrisch (Formbinderei der 80er Jahre).

Jede dekorative symmetrische Arbeit muß mindestens eine Symmetrieachse besitzen. In den meisten dekorativen Gestaltungen ist auf die Staffelung zu achten.
Nur in der Formbinderei, wie zum Beispiel dem Biedermeierstrauß oder in Strukturarbeiten ist eine Staffelung nicht mehr sehr sinnvoll.
Für die dekorative Gestaltung eignen sich besonders Blumen, die in ihrer Blüte schon einen solchen Charakter besitzen, bzw. symmetrisch aufgebaut sind.

Einige Beispiele:
großblütige Chrysanthemen, Paeonien, Hortensien, Tagetes. Ungünstig ist hier die Verarbeitung von Strelitzia, Freesien, Iris und anderen Blüten, die einen aufgerissenen bzw. asymmetrischen Umriß besitzen.

Schlichter Biedermeierstrauß, von einem Auszubildenden gearbeitet.

Dekorativer Strauß mit vielen sammelnden Blütenformen, aber auch einigen dynamischen, ausschwingenden Blüten und Gräsern. Im Detail asymmetrisch angeordnet.

Der Strauß

Der dekorative Strauß zeigt sich in unterschiedlicher Weise. Vom langstieligen, die Blumen gleichmäßig in leichtem Bogen (den Umriß betreffend) angeordnet, bis hin zum langstielig, stark gestaffelten Strauß, finden wir alle Zwischenformen.

Darüber hinaus kennen wir den kurzstieligen Strauß, beginnend mit der Biedermeierzeit bis zum heutigen Strukturstrauß, oder dem bunt und rund gestalteten Strauß.

Als eine weitere Form unterscheiden wir den lang abfließenden Strauß, dessen Ursprung in die Jugendstilzeit zurückgeht.

Allen diesen Sträußen ist gemeinsam, daß sie üppig und füllig sind, zwar sind die einen aufgerissen im Umriß und die anderen geschlossen, aber die dekorative Wirkung ist jeder Art zu eigen.

Festzustellen ist eine Entwicklung, die mehr und mehr zu einer asymmetrischen Anordnung bei dekorativen Arbeiten tendiert. Dies gilt vor allem für die Detailausarbeitung (siehe Zeichnung unten).

Dekorativ aufgelockerter, symmetrisch gearbeiteter Strauß.

Strukturstrauß mit Bändern verziert.

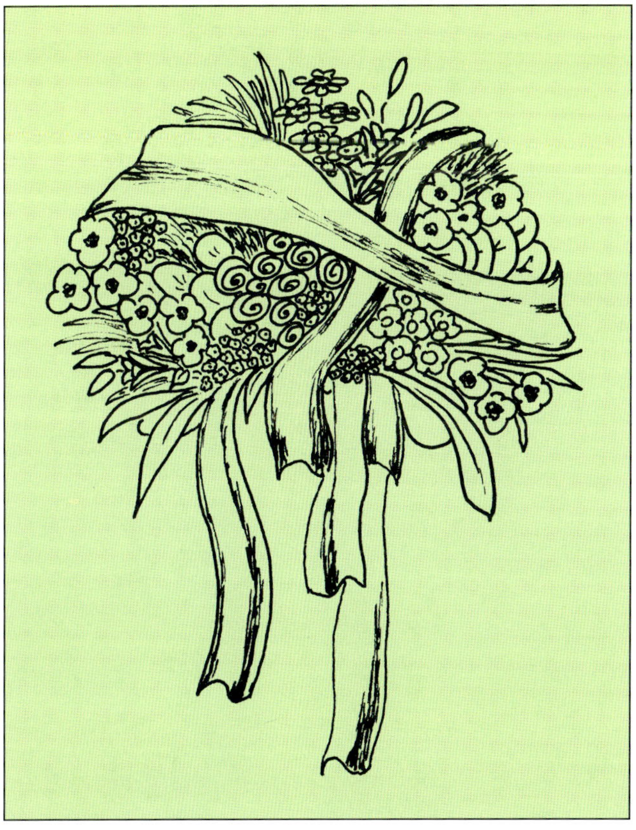

Straußvarianten

Sträuße aus dem Bereich der Parallelgestaltung zeigen hin und wieder eine derart starke dekorative Wirkung, daß sie eher der dekorativen Gestaltungsart zugeordnet werden müssen. Ähnlich ist es mit vielen Sträußen, bei denen Wicklungen verwendet werden.
Der Florist muß, soweit er Werkstoffe (Blumen, Blätter usw.) zur dekorativen Gestaltung verwendet, auch in dieser Gestaltungsart die Geltungsansprüche und Bewegungen soweit beachten und berücksichtigen, wie sie nicht mit anderen Kriterien des Dekorativen in Widerspruch stehen.

Dekorativer Strauß, ca. 3/8 hoch und 5/8 breit.

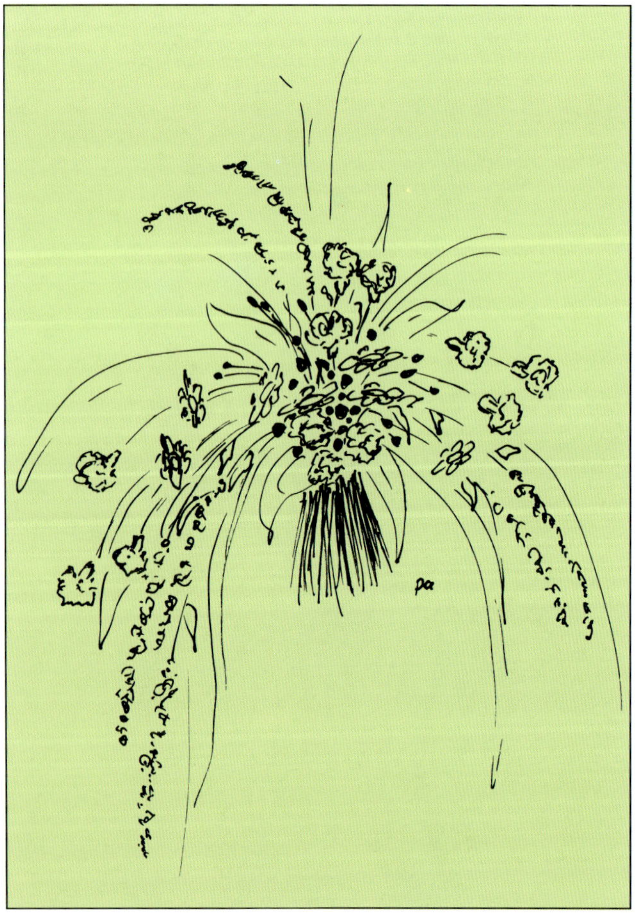

Schwingend und abfließend angeordnete Werkstoffe zeigt dieser Strauß.

Parallelstrauß mit großer dekorativer Wirkung.

Das Gesteck

Es gibt viele Anlässe, zu denen das dekorative Gesteck gearbeitet wird. Oftmals ist es das allein Richtige und Mögliche. Denken wir zum Beispiel an den Tischschmuck in einem barocken Gebäude, oder zu einer ernsten und feierlichen Gelegenheit.
Wie in der dekorativen Straußfloristik finden wir bei den Gestecken die unterschiedlichsten dekorativen Gestaltungsmöglichkeiten.

Meistens wird aus der geometrischen Mitte heraus gearbeitet, aber der Versuch, aus einer Fläche heraus zu gestalten, eröffnet weitere interessante Gesichtspunkte der Gestaltung.
Das gleiche gilt für geometrische Körper, die als Ausgangsbasis für die dekorative Verarbeitung benutzt werden können.

Gefäßfüllung, extrem flach und abfließend gestaltet.

Asymmetrisch dekorativ gearbeitetes Gesteck.

Das Trendgesteck 1989

Sehr flach und abfließend sind die Werkstoffe angeordnet. Die Pflanzensoziologie und das Milieu, aus dem die Blumen und Blätter kommen, sind nur in geringem Maße beachtet. Die Gesamtwirkung ist aufgelockert dekorativ.

Der Brautstrauß

Er ist in den häufigsten Fällen als dekorative Form zu finden. Hierbei steht nicht die Blume mit all ihren naturgegebenen Ansprüchen im Vordergrund, sondern der Schmuckwert des gesamten Straußes.
In der Regel wird die Zusammenstellung der Blüten und Blätter für einen Brautstrauß nach dem Wunsch der Braut, ihrem Typ, Kleid, Haarfarbe usw. vorgenommen.
Der Brautstrauß hat die Aufgabe, die Braut zu schmücken und die Hochzeit festlicher zu gestalten. Wenn die vorgenannten Kriterien in die Überlegungen mit einbezogen werden, ist der Florist in der Lage, sehr kreativ und phantasievoll zu gestalten.
Allerdings sollte in unserem Kulturkreis die Seite des Straußes grundsätzlich länger ausgearbeitet werden, welche das Kleid seitlich rechts an der Braut unterstreicht.
Dieses ist deshalb wichtig, da sonst die längere Linie des Brautstraußes das Kleid optisch teilen würde.

Struktur-Brautstrauß

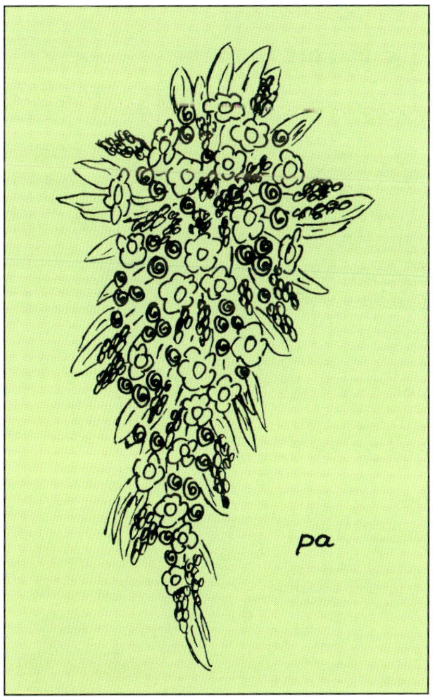

Aufgelockerte Tropfenform

Bogen oder Sichelform

Der aufgelockerte Brautstrauß

Nur wenn durch extreme Bewegungen innerhalb von Rispen oder Ranken diese Anordnung nicht möglich ist, darf das Kleid optisch geschnitten werden.
Die klassisch-dekorativen Brautsträuße, wie der Wasserfall oder die Tropfenform, besitzen nur eine lang abfließende Linie und sind deshalb symmetrisch aufgebaut. Solche Sträuße werden vor dem Kleid in der Mitte getragen.
Zu den verschiedenen Techniken wird im Kapitel „Der Brautstrauß" Stellung genommen.

Dekorativ asymmetrischer Strauß.

Viele verschiedene Werkstoffe und Materialien sind in diesem Brautstrauß harmonisch zusammengefaßt.

Starke lineare Wirkung und dennoch dekorativ.

Der Kranz

In der Mehrzahl wird der Kranz dekorativ gearbeitet sein. Man unterscheidet zwischen dem Kranz, der im Kranzkörper den eigentlichen Schmuckwert besitzt und dem, dessen Schmuck auf dem Kranzkörper gestaltet ist.
Der Kranzkörper kann in seinem Umriß geschlossen oder aufgerissen sein.
Vom geschlossenen Umriß wird gesprochen, wenn alle Werkstoffe auf gleicher Höhe angeordnet sind, oder diese mit geringen Höhendifferenzen so angeordnet sind, daß keine Stiele zu sehen sind (Strukturkranz).
Auf dem vorgenannten Kranzkörper kann zusätzlich ein weiterer Schmuck aus Blüten, Blättern, Früchten, Band, Zierkordel usw. angebracht werden.

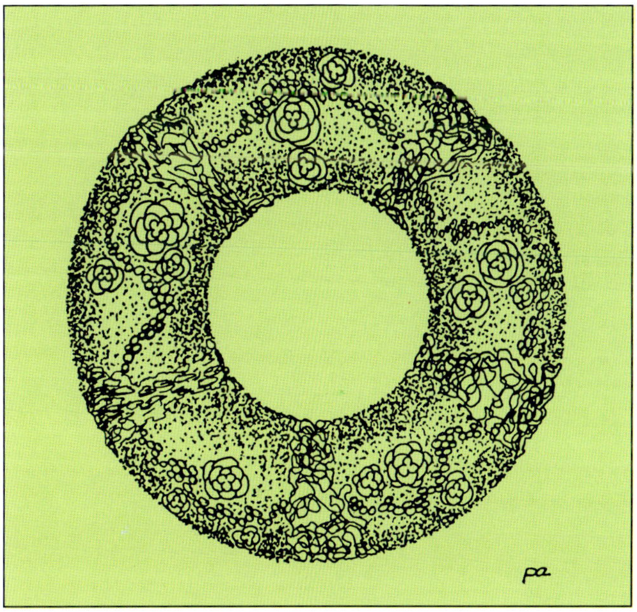

In sich gestalteter Kranzkörper mit geringen Höhen und Tiefen (Strukturkranz).

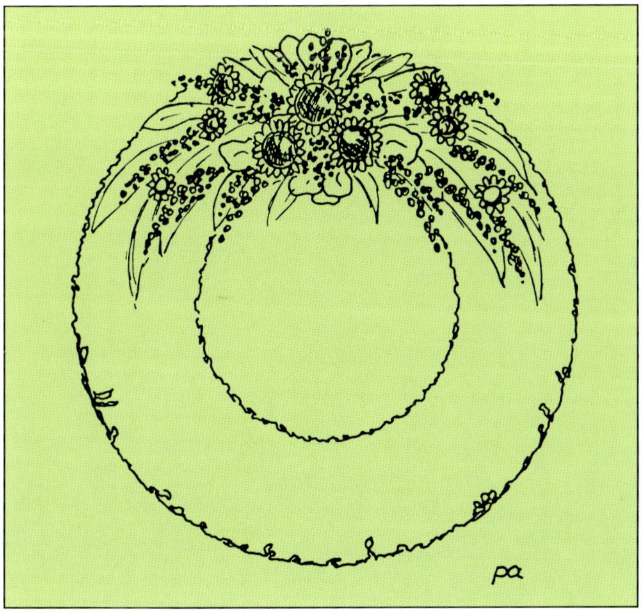

Schlichter Kranzkörper mit symmetrischem Schmuck.

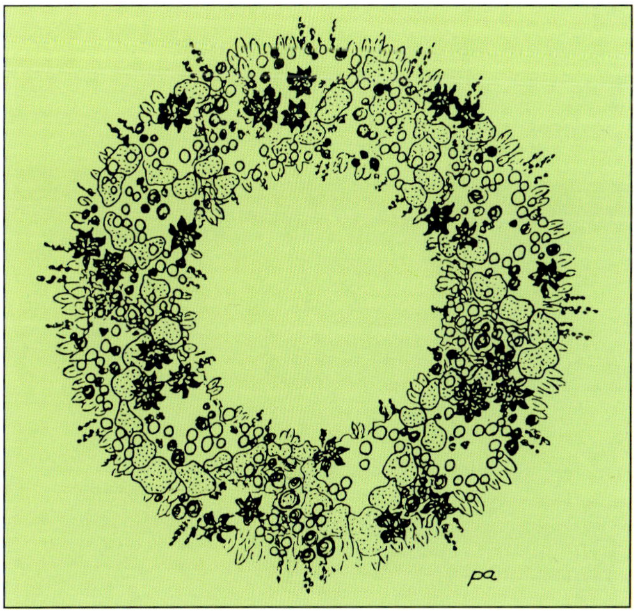

Mit Höhen und Tiefen gestalteter Kranzkörper, der durch seine Hell-Dunkel-Wirkung einen besonderen Ausdruck besitzt.

Bei der aufgerissenen Umrißform ist ein zusätzliches Anbringen von Blumenschmuck nicht sinnvoll, da dieser Kranzkörper große Höhenunterschiede aufweist. Hierbei sollen die dynamischen Blütenformen weiter außen angebracht werden, die statischen Formen bilden tiefer angeordnet die sammelnde Kraft.
Kränze, deren Körper aus Blättern oder Immergrün gestaltet sind, werden in der dekorativen Gestaltungsart meist mit einem symmetrisch angebrachten Blumenschmuck versehen. Allerdings bietet auch hier der asymmetrisch dekorative Schmuck eine interessante Alternative. Der Strukturschmuck ist ebenfalls als solche anzusehen.
Der Kranzschmuck darf den Kranzkörper nur unwesentlich nach innen oder außen überragen.
Allgemeine Hinweise zur Symbolik, den Proportionen usw., finden Sie unter dem Thema „Der Kranz".

Der Strukturschmuck sollte wie auch andere Kranzschmuckformen höchstens 1/3 des Kranzkörpers erfassen.

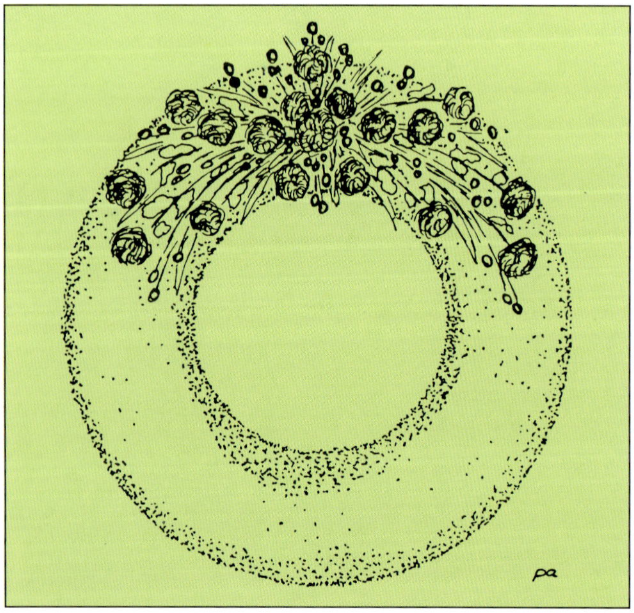

Klar wirkender Kranzkörper mit symmetrischem Schmuck.

Schlichter Kranzkörper mit asymmetrischem Schmuck.

Der dekorative Kranz mit Gruppenschmuck

Dekorativer Kranzkörper aus Pompondahlien mit einem gruppierten Schmuck aus Blättern, Früchten und Ranken.

Die Gefäßbepflanzung

Meist wird die dekorative Gefäßbepflanzung anlaßbezogen sein.
Zu Geschäftseröffnungen, anderen fröhlichen oder feierlichen Festlichkeiten werden gerne Pflanzungen zusammengestellt, bei denen nicht die Einzelpflanze zur Geltung kommt, sondern die Gesamtpflanzung.
Das bedeutet, daß auch bei der dekorativen Gefäßfüllung mit Topfblumen der einzelne Werkstoff weitestgehend seinen Geltungsanspruch zurückstellen muß, um zur Wirkung des gesamten Werkstückes beizutragen.
Allerdings können Pflanzen auch so ausgewählt und zusammengestellt werden, daß die meisten Kriterien der vegetativen Gestaltung Anwendung finden, und dennoch eine dekorative Wirkung entsteht.
Als Beispiel seien hier eine Pflanzung nur aus Azaleen oder eine Schale mit Primula vulgaris genannt.
Für dekorative Arbeiten eignen sich besonders gut Topfpflanzen mit dekorativen Blüten.
Die Farben der Blüten und Blätter können spiegelgleich sein oder auch gestreut angeordnet werden. Wichtig ist, daß insgesamt eine dekorative Wirkung entsteht.

Prunkhafte, dekorative Gefäßbepflanzung mit Azaleen.

Symmetrische Pflanzung mit Hortensien.

Die wichtigsten Kriterien der dekorativen Gestaltungsart in zwangloser Reihenfolge

Zu berücksichtigen sind:

- Die Symmetrie eventuell auch Asymmetrie
- Eine üppige Fülle
- Der geschlossene Umriß bei der Formbinderei
- Die Gruppierung
- Die prunkvollen Blüten- und Blattformen
- Die Farbe
- Die Gesamterscheinung
- Die Staffelung
- Der Anlaß
- Die Gefäßform
- Die Reihung
- Die Proportion
- Dic Streuung
- Die Entwicklung und der Zeitgeschmack
- Das optische Gleichgewicht (optische Ausgewogenheit)
- Die Verteilung der Formen und Farben

Zu den Kriterien Symmetrie, Asymmetrie, Gruppierung, Staffelung und Proportion finden Sie unter dem entsprechenden Stichwort ausführliche Erläuterungen.
Nicht alle Kriterien finden bei jeder dekorativen floristischen Arbeit gleichzeitig Anwendung.

3 Die formal-lineare Gestaltungsart

Grundlagen

In erster Linie strebt der Florist bei dieser Art der Gestaltung nach der spannungsreichen Kombination von Form und Linie. Die Reduktion des Werkstoffes auf ein Minimum ist hier das oberste Ziel. Werden mehrere lineare Werkstoffe verwendet, so kann die einzelne Linie an Ausdruckskraft verlieren. Das gleiche gilt für die Verwendung von Formen.
Eine formal-lineare Arbeit wird ihre Aussage ebenfalls verlieren, wenn zum Beispiel zwanzig oder mehr verschiedene Pflanzenteile wie Blüten, Blätter, Zweige, Ranken usw. zu einem Werkstück zusammengefügt werden.
Eine strenge, klare Linie wird in ihrer Erscheinung gesteigert, wenn dieser eine bewegte, unruhige Linie gegenübersteht.
Die Kugel stellt einen geometrischen Körper dar, der sammelnde Kraft besitzt und somit statisch wirkt. Eine Linie hat immer etwas Dynamisches und bildet somit den gewünschten Gegenpart zur Kugel (zum Beispiel Allium und Corylus).

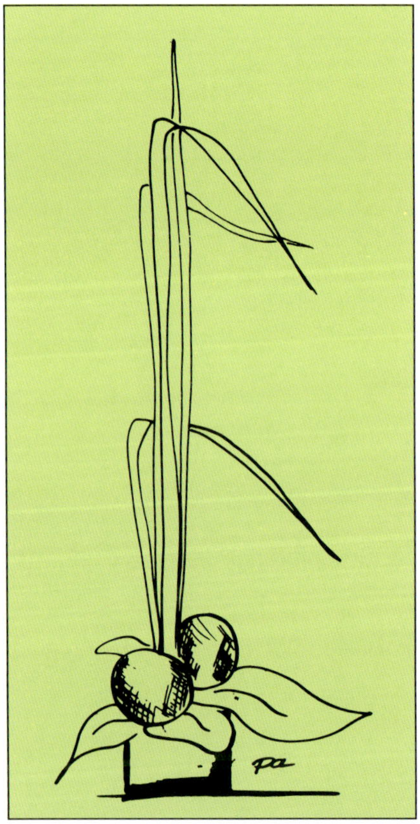

Aktiv aufstrebende und ausschwingende Werkstoffe stehen in Kontrast zu sammelnden Formen.

Überschneidungen unterschiedlicher Bewegungen steigern die formal-lineare Wirkung. In dieser Gestaltungsart kommt das Gefäß in besonderem Maße zu Geltung.

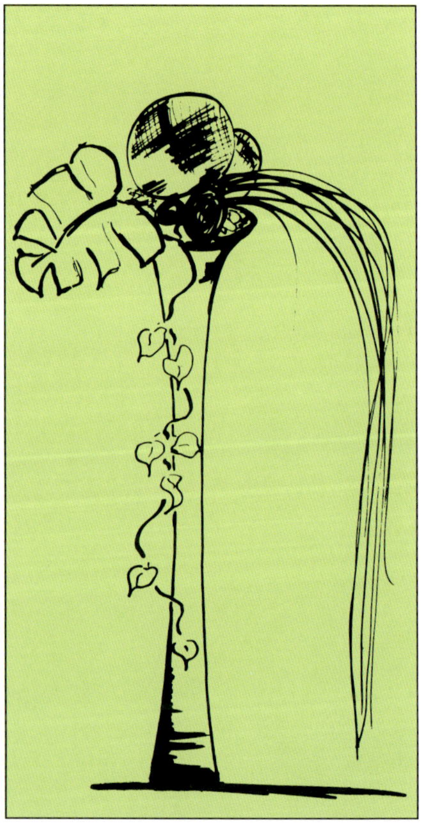

Lagernde Formen und abfließende Linien sind in diesem Gefäß angeordnet.

Aber nicht nur Körper wie die Kugel, der Würfel oder dergleichen werden als Form eingeordnet, auch Blattflächen stellen eine Form dar und können somit spannungsreich mit linearen Werkstoffen verarbeitet werden.
Typisch in dieser Gestaltungsart ist das Arbeiten in der Asymmetrie, allerdings ist in besonderen Fällen auch die symmetrische Darstellung möglich.
Die Beachtung der Geltungsansprüche ist nur bedingt notwendig. Oftmals verliert eine Blume durch Abschneiden des Stieles ihren Geltungsanspruch, gewinnt aber als reine Form oder Linie.
Starke Farbkontraste können ein formal-lineares Werkstück steigern.
Interessant in dieser Gestaltungsart ist die Verwendung von Werkstoffen in Verbindung mit Materialien.
Eine formal-lineare Arbeit kann vegetativ wirken, meistens ist sie aber auf formale, lineare und farbliche Werte beschränkt.

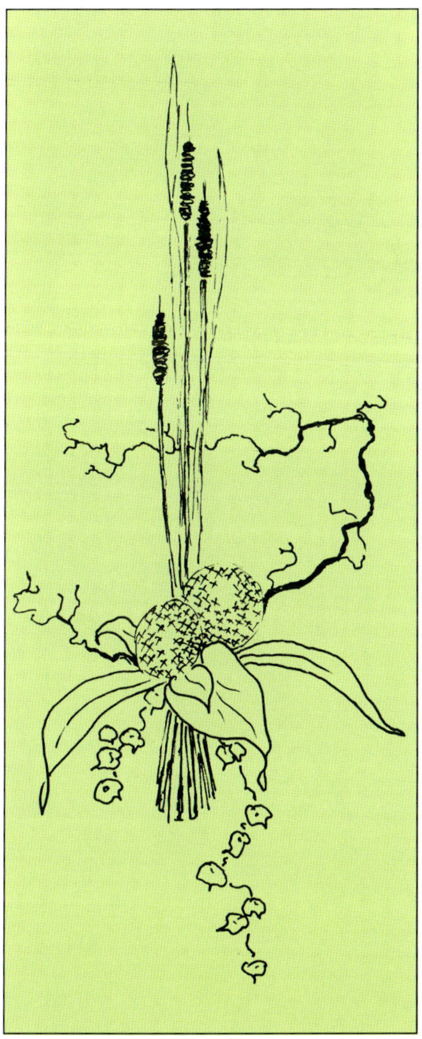

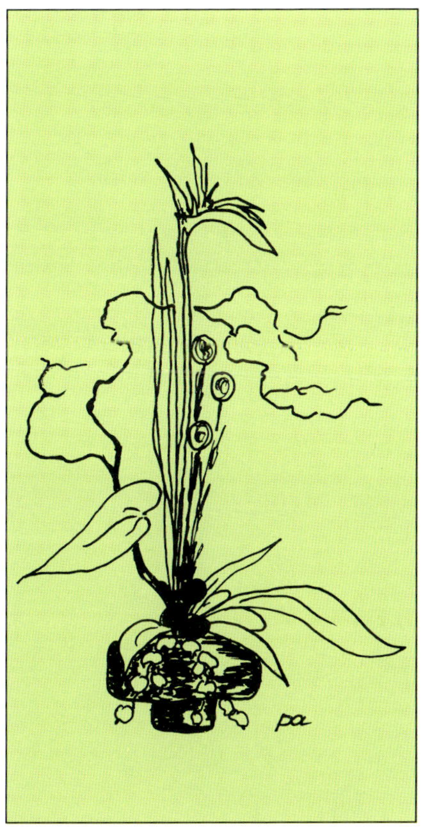

Gesteck in eigenwilligem Gefäß.

Gefäßbepflanzung mit Verwendung von getrockneten Zweigen.

Strauß mit Schilf, Korkenzieherhasel, Allium, Blättern und Ranken.

Formal-lineare Gefäßfüllung, die im Rahmen einer Fachdemonstration in Japan gestaltet wurde.

Das Gesteck

In großem Maße ist bei dieser Art von Gestecken das Gefäß zu beachten, welches als Form und darüberhinaus als Farbträger betrachtet werden muß, hierbei spielt es keine Rolle, ob das Gefäß hoch und schlank, flach und breit, eckig oder kugelig ist.
Der Florist hat in der formal-linearen Gestaltungsart ständig darauf zu achten, daß er mit wenigen verschiedenen Werkstoffen und oder Materialien gestaltet. Die allgemein gültigen Gestaltungskriterien soll er vor jeder Arbeit durchdenken.
Selten aber werden alle Gestaltungskriterien in einem formal-linearen Werkstück zum Einsatz kommen.

Arbeit eines Lehrgangsteilnehmers in Paris-Vernouillet.

Der Strauß

In der oben genannten Gestaltungsart lassen sich gerade Sträuße mit wenigen Werkstoffen hervorragend erarbeiten. Denken wir an den Kunden, der eine oder zwei Strelitzien zu einem Strauß gebunden haben möchte. Verbunden mit einigen Blättern, Zweigen und Lotosfruchtständen entsteht eine spannungsreiche Arbeit.
Auch die Amaryllis oder Anthurie wird gerne einzeln oder zu wenigen auf diese Art angeordnet. Hierbei ist die Blüte als Form und der Stiel als Linie zu betrachten. Es ist aber in dieser Gestaltungsart auch möglich, Blüten mit hohem Geltungsbedürfnis in der Basis anzuordnen. Dann müssen Zweige oder andere lineare Werkstoffe die Raumerfassung übernehmen.
Recht reizvoll sind Strukturkontraste, die zum Beispiel durch samtige Blätter und glänzende Blüten die Arbeit steigern, allerdings sollen Strukturen nicht zu stark in den Vordergrund treten.

Die Anthurienblüte und die beiden Bergenienblätter wirken als sammelnde Form, während der Coryluszweig, die Gräser und spitz zulaufenden Blätter dynamische Linien darstellen.

Der Brautstrauß

Für die extravagante Braut kann der formal-lineare Brautstrauß die schmückende Ergänzung sein. Auch bei dieser Arbeit sind die wesentlichen Merkmale der oben genannten Gestaltungsart zu verwirklichen. Spannungsreiche Gegenüberstellung von Formen und Linien bei gleichzeitiger Reduzierung der Werkstoffe und Materialien.

Die Zeichnung zeigt einen Brautstrauß der hier behandelten Gestaltungsart. Lilienblüten und großflächige Blätter sind als formgebende Elemente zu sehen, die Zweige, Gräser und abfließenden Perlenschnüre sind als lineare Werte zu erkennen.

Der zweite, unten abgebildete Strauß besteht aus Callablüten, Salixzweigen, Kiwiranken, Tillandsia, Maranthablättern und einem Phönixblatt, und zeigt neben seiner formal-linearen Wirkung auch dekorative Aspekte.

Arbeit eines Lehrgangsteilnehmers in Tokio, Japan.

Die sinnvolle Abstimmung zwischen Brauttyp, Brautkleid bzw. Mode und dem Brautstrauß ist notwendige Voraussetzung, um ein harmonisches Miteinander entstehen zu lassen.

Nähere Erläuterungen über den Brautstrauß und die technischen Möglichkeiten ihn zu arbeiten, werden im Abschnitt „Der Brautstrauß" behandelt.

Wenige Werkstoffe wurden bei diesem Brautstrauß spannungsreich zueinander geordnet. Die Anthurienblüten sind als Form eingesetzt, während die Wurzeln und Peperomienranken die Linien bilden.

Bei dieser Arbeit kommen sowohl formal-lineare Werte als auch Strukturen zur Geltung. Die Farbzusammenstellung ist eine gelungene Harmonie kleiner Abstände.

Der Kranz

Ein Kranzkörper wird nur sehr selten in der formal-linearen Gestaltungsart gearbeitet, wobei die Möglichkeit so zu gestalten auch hierbei nicht gänzlich ausgeschlossen sein soll. Der Kranzschmuck kann aber sehr wohl so angefertigt werden und dadurch eine Steigerung des Kranzkörpers mit sich bringen.
Ein Kranzkörper, geschlossen im Umriß, hergestellt aus Prunusblättern, geschmückt mit weißen Spathiphyllumblüten, Baergras, Blättern usw., bildet eine logische Einheit.
Vergleichbar ist ein Schmuck, bestehend aus Seerosenblüten, Blättern und Binsen, auf einem Kranzkörper aus Wassermoos gearbeitet.
Viele weitere Möglichkeiten wird der engagierte Florist für die Gestaltung eines Kranzschmuckes finden.

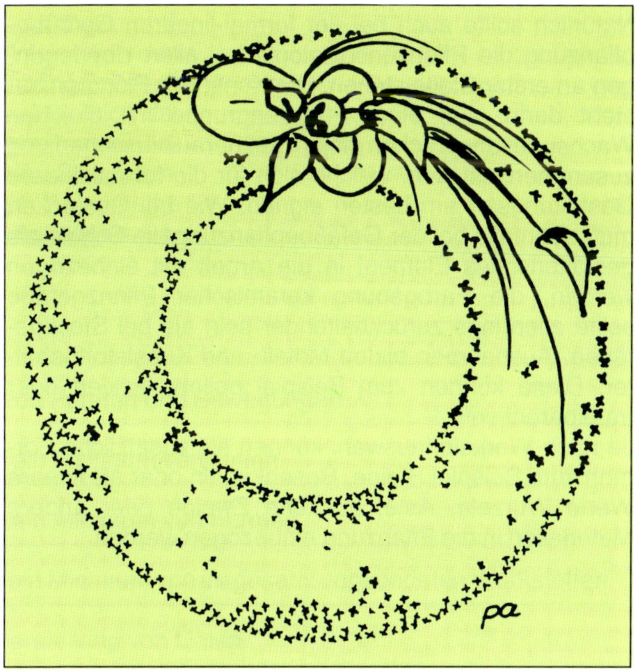

Mit wenigen Blüten, Blättern und Zweigen wird der formal-lineare Kranzschmuck ausdrucksstark und fügt sich gut in die vorgegebene Kranzform ein.

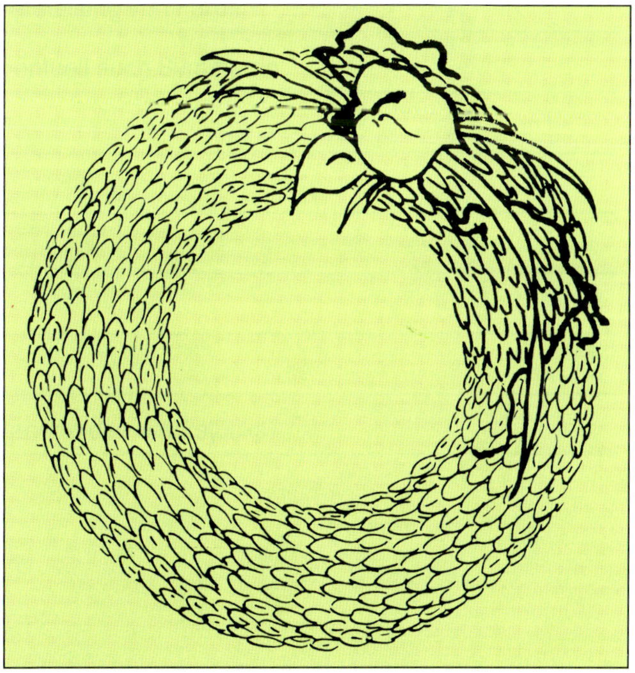

Parallel-vegetativ

Eine weitere Einteilung wird wie folgt vorgenommen:
parallel-vegetativ
parallel-dekorativ
parallel-graphisch.
Die grundlegenden gestalterischen Gesetzmäßigkeiten finden bei allen drei Möglichkeiten ihre Verwendung.

Parallel vegetativ

Hierbei wird als Ordnungsart meist die Asymmetrie gewählt. Es wird wuchshaft „wie gewachsen" gestaltet. Die Natur soll aber dabei nicht imitiert, sondern interpretiert werden.
Besondere Berücksichtigung finden die Geltungsansprüche und Bewegungsformen unserer Werkstoffe bei der parallel vegetativen Gefäßbepflanzung und beim Gesteck.

1

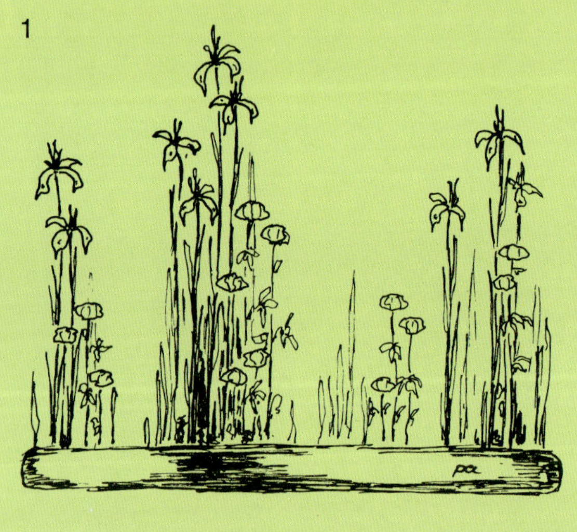

2

3

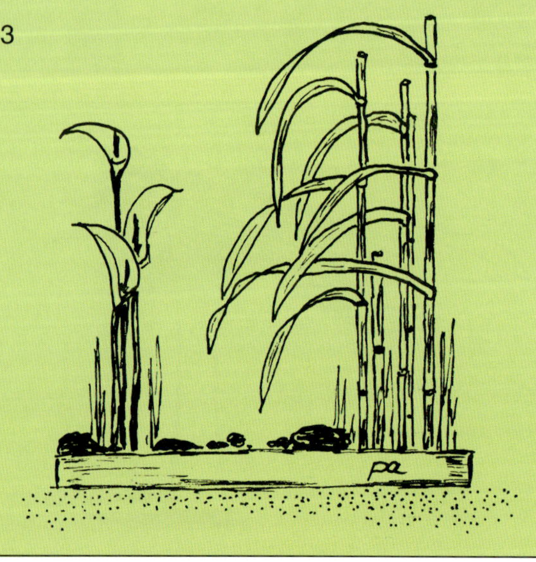

1 Parallel vegetativ – mit Haupt-, Gegen- und Nebengruppe

2 Parallel dekorativ – mit geschlossenem Umriß

3 Parallel graphisch – mit Haupt- und Gegengruppe

Parallel-dekorativ, parallel-graphisch

Parallel-dekorativ

Die Symmetrie wird in der Regel die richtige Ordnungsart für diese Gestaltungen sein, wobei auch hier ein asymmetrisches Anordnen möglich ist. Die Wirkung einer solchen Arbeit erweist sich als üppig und füllig.
Eine stärkere Wirkung des Dekorativen kann durch eine geschlossene Umrißform erzielt werden.

Parallel-graphisch

Möglich sind hier beide Ordnungsarten. Die Wirkung ist klar, abstrakt und oft konstruiert. Manchmal hat eine solche Gestaltung objekthafte Wirkung. Der Geltungsanspruch der Werkstoffe muß nicht unbedingt berücksichtigt werden.
Bei Gestecken kann die Basis mit Sand, Splitt oder auch Kunststoffgranulat abgestreut werden. Ein solcher Untergrund steigert zusätzlich die Ausdruckskraft parallelgraphischer Gestaltungen.
Für die Arbeit im Bild rechts unten wurden Holunderzweige, Anemonen und Prunusblätter als gestalterische Hauptelemente verwendet. Die sichtbaren Schnittflächen der gegen die Wuchsrichtung angeordneten Holunderzweige wurden mit den Farben Rot und Blau und deren Mischung, also Rot-Violett und Blau-Violett farblich hervorgehoben.

Das Gesteck

Für vielfältige Anlässe sind Gestecke in der parallelen Gestaltungsart geeignet. Ob in modern eingerichteten Wohnungen, vor zeitgemäßen Gebäuden oder auch in sakralen Bauwerken früherer Stilepochen.
Je nachdem, ob parallel-vegetativ, dekorativ oder graphisch gearbeitet wird, kommen die entsprechenden Gestaltungskriterien zum Einsatz.
Bewußt eingesetzte Überschneidungen von Linien können einem parallelen Werkstück eine größere Ausdruckskraft verleihen.
Bei der Anbringung von Steckmasse in Gefäßen für Parallelgestecke ist es sinnvoll, diese nicht wie bei anderen Gestaltungsformen über den Schalenrand nach oben hinaus anzuordnen, sondern die Steckbasis unterhalb des Schalenrandes enden zu lassen.

Parallel vegetativer Tischschmuck mit graphischer Wirkung.

Die räumliche Ausprägung

Werkstoffe, die in einem parallelen Gesteck angeordnet sind, erfassen und beanspruchen den umliegenden Luftraum in völlig unterschiedlicher Weise. Bild oben zeigt, daß der Raum über das tatsächliche Maß der Freesien und Baergräser beansprucht wird. Die dynamischen Linien und Bewegungen wirken über die vorhandene Abmessung hinaus. Das untere Bild gibt Aufschluß darüber, daß der seitliche Raum tangiert wird.

Vegetative Stellung der Werkstoffe in unnatürlicher Basis.

Steckarbeit aus verschiedenen Blickwinkeln fotografiert.

Der Strauß

Neben den herkömmlichen bekannten Sträußen ist der Parallelstrauß als weitere Art entstanden. Ein wesentlicher Unterschied zu den übrigen Bouquets besteht darin, daß die Bindestelle nicht nur technische Funktion besitzt, sondern auch gestalterische Aufgaben übernimmt. Die Stiele eines Parallelstraußes sind normalerweise nebeneinander angeordnet. Bei der Gefäßauswahl ist zu beachten, daß die Bindestelle sichtbar bleibt.

Dies gilt vor allem für parallel-vertikal gebundene Sträuße, wo mehrere Bindestellen angebracht werden können. Die Auswahl des Bindematerials muß sorgfältig vorgenommen werden, da es eine zierende Wirkung erzielen soll.

Ein Parallelstrauß wirkt meist graphisch und konstruiert, vegetative Aspekte können ihm aber oft nicht abgesprochen werden. Er kann symmetrisch oder asymmetrisch geordnet sein.

Parallel wuchshaft und graphisch

Parallel objekthaft

Parallel-vertikal

Parallelstrauß in vertikaler Anordnung. Gesteigert wird die Darstellung durch die teilweise horizontal verlaufende Linie.

Parallel-horizontal

Parallel-horizontal gestalteter Strauß. Neben den Blüten und Blättern wurden rotlackierte Bambusstäbe in unterschiedlichen Längen und Stärken verwendet. Teilbereiche der Stäbe sind mit Zierdraht, Wolle oder Lederstreifen umwickelt.

Der Brautstrauß

Für die meisten Brauttypen wird der Parallelbrautstrauß nicht die richtige Wahl sein. Er zeigt eine gewisse Strenge, die nicht zu jeder Braut und zu jedem Brautkleid paßt. Dennoch kann für den einen oder anderen Brauttyp ein Brautstrauß in dieser Gestaltungsart die schmückende Ergänzung darstellen.

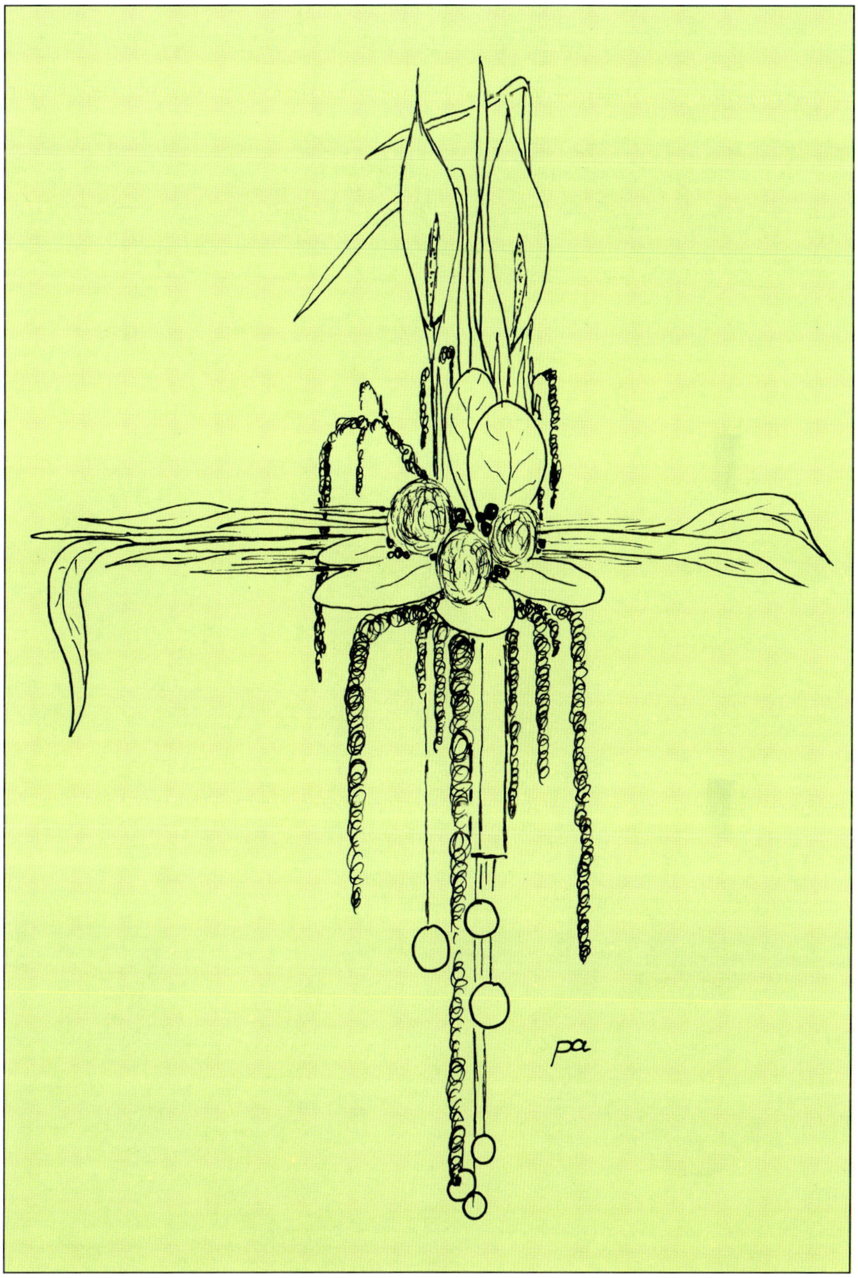

Der Kranz

In der Parallelgestaltung wird der Kranz nur eine geringe Bedeutung einnehmen. Einige Versuche haben gezeigt, daß der Kreis, der für den Kranz absolutes Muß ist, nicht immer in ausreichendem Maße zur Geltung kommt. Die Elemente wie Werkstoff und Materialien, die vertikal in einem Kranzkörper Verwendung finden, müßten einen sehr geringen Durchmesser haben, damit die Kreisform nicht gestört wird. Dennoch sollten auf diesem Gebiet weitere Experimente getätigt werden.

Man spricht in den meisten Fällen bei Parallelkränzen vom freigestalteten Profil. Gruppierungen und Staffelungen können sehr gut durchgeführt werden. Auch Form- oder Farbkontraste bzw. Harmonien finden Anwendung. Oftmals ist die Kombination von Werkstoff und Materialien gerade bei diesem Kranztyp recht reizvoll.

Reizvoller Kontrast zwischen den konstruktiv angeordneten Metallröhren und den vegetativ erscheinenden Efeupflanzen.

Die Gefäßbepflanzung

Ebenso wie bei der vegetativen ist bei der parallelen Gestaltungsart im Bereich der Gefäßbepflanzung vorzugehen. Die Pflanzensoziologie muß uneingeschränkt Beachtung finden. Üblicherweise wird als Ordnungsart die Asymmetrie angewendet. Allerdings steht eine Darstellung der freien Gruppierung, mit Haupt-, Gegen- und Nebengruppe nicht im Vordergrund. Pflanzen aus gleichem Milieu steigern die Aussagekraft einer parallelen Pflanzung.
Darüber hinaus ist besonderes Augenmerk auf die Wuchsform zu legen. Von Natur aus streng senkrecht wachsende Pflanzen eignen sich. Ob dieses nun aktiv aufstrebend oder passiv abfließend geschieht, spielt keine Rolle.
Schwingende oder brüchige Formen sind nur selten geeignet.

rechts: Parallele Pflanzung in einem Metallgefäß, das mit einer raumergreifenden Metallkonstruktion verbunden ist. Dadurch entsteht der Eindruck eines teilweise schwebenden Gefäßes. Spannungsreich ist das Zusammenspiel der Werkstoffe und Materialien.

unten links: Pflanzung mit aktiv aufstrebenden Formen.

unten rechts:
Gefäßfüllung mit abfließenden Wuchsformen.

Die wichtigsten Kriterien der parallelen Gestaltungsart in zwangloser Reihenfolge

Zu berücksichtigen sind in der parallelen Gestaltungsart:

- Die Mehrheit der Werkstoffe muß parallel zueinander verlaufen.
- Die Parallelität kann horizontal, vertikal oder diagonal angeordnet sein.
- Parallel kann mit vielen gleichen, mit verschiedenen oder mit wenigen Werkstoffen gearbeitet werden.
- Die Gestaltung kann vegetativ, dekorativ, graphisch oder objekthaft sein.
- Asymmetrie oder Symmetrie müssen beachtet werden.
- Gruppierung und Staffelung müssen berücksichtigt werden.
- Freiräume oder Verdichtungen müssen geschaffen werden.
- Geltungsansprüche und Pflanzensoziologie sind besonders bei parallel-vegetativen Arbeiten ein wichtiger Gesichtspunkt.
- Jeder Werkstoff hat seinen eigenen Basispunkt.
- Die Bindestelle ist bei Parallelsträußen ein wichtiges Gestaltungselement.
- Die richtige Auswahl des Bindematerials steigert die Wirkung des Werkstückes.
- Proportionen, Bewegungen und Strukturen müssen auch bei dieser Gestaltungsart beachtet werden.
- Bewußte Überschneidungen können die Wirkung steigern.

Spezielle Gestaltungs-formen

Dauerhafter Raumschmuck

Eine mit getrockneten Werkstoffen gestaltete Arbeit besitzt den Vorteil großer Haltbarkeit. Die Blätter und Blüten können hierbei farblich verändert werden. Zierdraht, Wolle und andere Schmuckmaterialien können Verwendung finden. Werden solche Arbeiten in Serie gefertigt, so verlieren sie ihre Einmaligkeit und somit auch an Wert. Jeder Florist ist ständig gefordert kreativ zu arbeiten, nur dann wird es eine Weiterentwicklung in unserem Beruf geben.

Ausschnitt von Bild rechts

Salixstiele, mit goldenem Zierdraht zusammengehalten, bilden den Stamm dieser fast baumartigen Darstellung. Gebündelte Gräser und Winden bilden den Körper der Krone. Einseitig gefärbte Blätter schwingen an Draht hängend aus der Krone in den freien Raum. Wenige Blütentuffs geben die Farbe der Blätter wieder.

Blume und Geschenk

Blume und Geschenk hieß eine Sonderaufgabe in der Ausstellung „Floristen gestalten mit Blumen" in Düsseldorf. Wenn auch bei der abgebildeten Arbeit nicht viele Blumen verwendet wurden, so ist doch eine beachtenswerte Kreativität festzustellen.

Eine Pappröhre wurde zum Schmuckstück, oder Objekt? Viele einzelne Wickelungen aus unterschiedlichsten Materialien wurden mit getrockneten Blättern, Ähren und Hortensienblüten an der Rolle befestigt. Diese Geschenkrolle ist mehr als ein Gebrauchsgegenstand.

Das Geschenk, eine kleine Metallskulptur, wurde in die Mitte des pinkfarbenen Rahmens gehängt. Wickelungen aus Werkstoffen und Materialien umspielen die Skulptur. Eine interessante Art und Weise, ein neues Ganzes entstehen zu lassen.

6 Die Flächengestaltung

Zweidimensionales Gestalten

Während die meisten floristischen Arbeiten dreidimensional sind, wird die Flächengestaltung vorwiegend zweidimensional sein. Zwar ist im Regelfall eine räumliche Tiefe gegeben, diese fällt aber kaum ins Gewicht, da sie sehr gering ist.
In früheren Zeiten wurden vorwiegend Hausfassaden durch Girlanden gegliedert. Diese Art der Flächengestaltung ist aber so selten geworden, daß darauf nicht näher eingegangen werden soll.
Die letzten zwanzig Jahre haben eine andere Form der zweidimensionalen Gestaltung hervorgebracht. Außer Floral-Collagen entwickelten die Floristen auch weitere flächige Arbeiten als Raumschmuck.
Neben Strukturfriesen stehen graphisch anmutende Arbeiten aus unterschiedlichen Werkstoffen und Materialien.
Die Kenntnisse der allgemeinen Gestaltungslehre und Farbenlehre sind für den Floristen Vorbedingung, um an solche Arbeiten zu gehen. Ohne solche Kenntnisse wird das Ergebnis der Flächengestaltung immer dem Zufall überlassen sein.
Wesentliche Grundkriterien, die Beachtung finden müssen, sind in den folgenden Beschreibungen der Zeichnungen und Bilder enthalten.

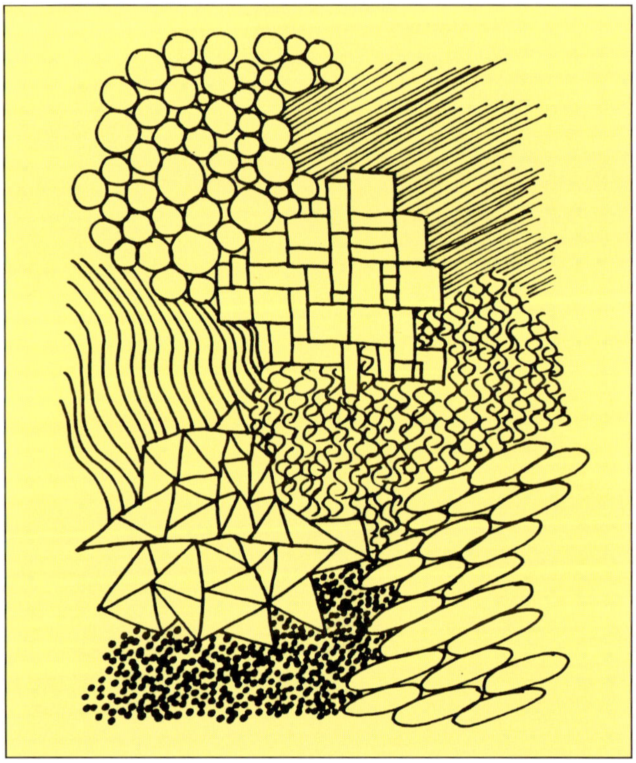

Verschiedene Formen, die ohne großen Bezug zu einander angeordnet sind. Trotzdem wird aber ein Formenkontrast bewußt und man stellt fest, daß eine Form neben einer schraffierten Fläche als solche noch besser zum Tragen kommt.

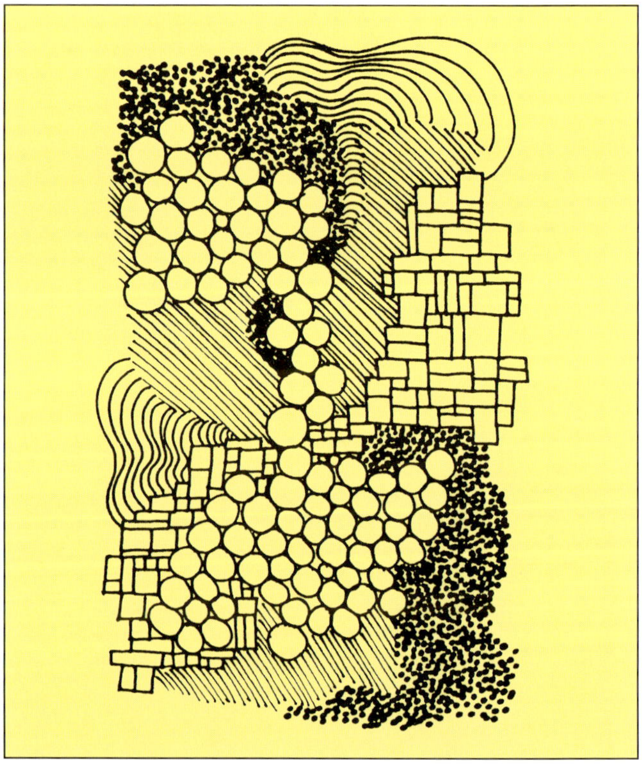

Diese Zeichnung verdeutlicht schon einen wesentlich größeren Zusammenhang der Flächen und Linien. Gleiche Formen wiederholen sich oder ziehen sich durch die gesamte Darstellung. Hierbei stellt man fest, daß zum Beispiel der Kreis in der Summierung eine neue Fläche bildet, allerdings genauso zur Linie werden kann, wenn er entsprechend aneinander gereiht wird. Insgesamt zeigt diese Zeichnung einen Kontrast von Formen und Linien.

Formen, Linien, Kontraste und Gruppen

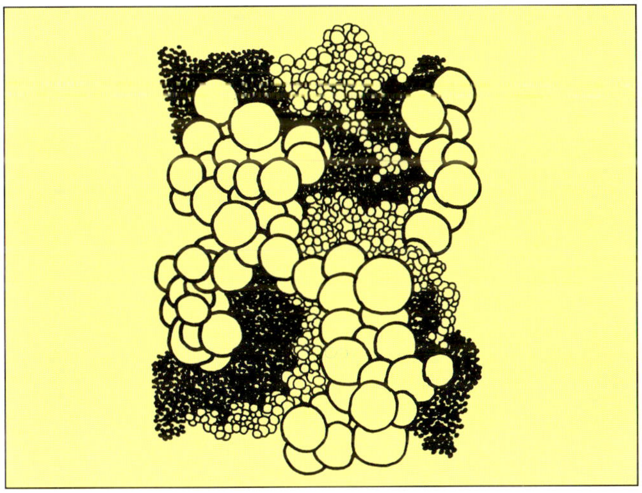

Deutlich sind in dieser Darstellung Höhen und Tiefen zu erkennen, obwohl keine Perspektive vorhanden ist. Eine Form wirkt nur dann hoch, wenn eine niedrigere dies bewußt macht. Zeichnerisch wurde dieses hier durch Überschneidungen der Formen und Verdichtungen der übrigen Flächen erreicht. Am Beispiel der Kreisform finden wir auch den Kontrast groß - klein.

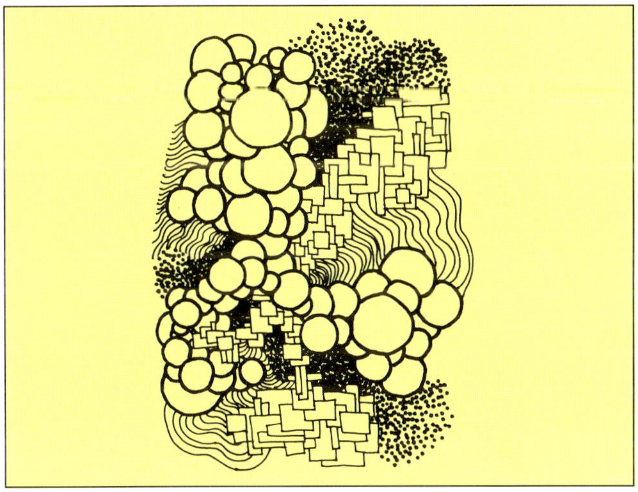

*Zusammenfassung verschiedener Kontrastmöglichkeiten, wie zum Beispiel groß - klein, Fläche - Linie, hoch - tief, hell - dunkel, viel - wenig usw.
Außer acht gelassen wurde hier der gesamte Bereich der Farbkontraste.*

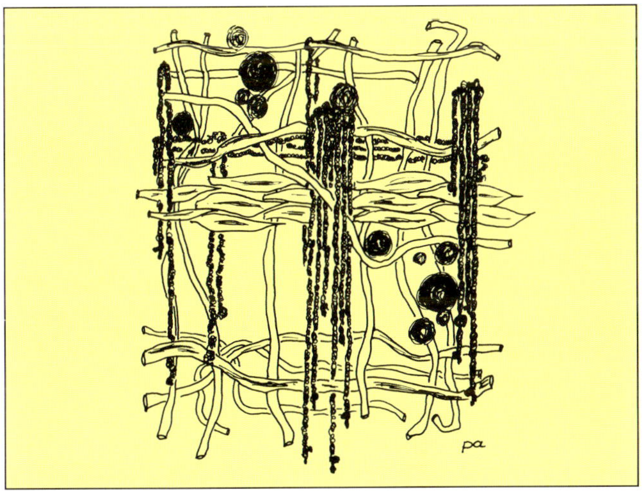

In der waagerechten Anordnung ist von unten nach oben die Gegen-, Haupt- und Nebengruppe zu erkennen. Ein Gerippe aus Efeuästen (Altersform) ist tragendes Element für die anderen getrockneten Werkstoffe. Mit Zierkordel sind die Efeuäste verknotet. Sie ist zugleich lineares Gestaltungselement.

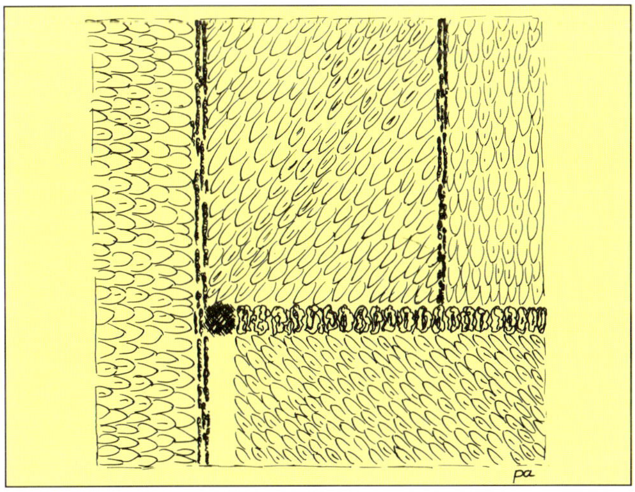

Grüne Lorbeerblätter zu Flächen zusammengefaßt, in verschiedene Richtungen zeigend, bedecken den größten Teil der Gesamtfläche. Goldfarbene Zierkordel unterteilt neben einer Blütenreihung die grünen Rechtecke. Eine blaue Kugel steigert als Akzent die Interpretation klassischer Werkstoffe.

Floral-Collagen

Dünn aufgetragene, zarte Aquarellfarben stellen die Basis für die weitere Ausarbeitung. Die vorhandenen Farb-Linien wurden durch Wolle, einzelne Gräser, Flechten und Tillandsia nachvollzogen. Eine frühsommerliche Stimmung geht von der Collage aus.

Gedanken an die Unterwasserwelt drängen sich bei diesem Bild dem Betrachter auf. Kräftige Blau- und Grüntöne werden durch ein feines Geflecht von Kupferdraht überzogen, der eine Beziehung zu der in geringer Menge vorhandenen Farbe Lachs-Orange herstellt.

An eine winterliche Landschaft erinnert diese fast naturalistische Flächengestaltung. Flechte und Calocephalus sind die einzigen pflanzlichen Teile in der Arbeit. Gekonnt zeigen sie sich am richtigen Platz eingeordnet. Durch hell-dunkel Wirkung entsteht eine große Perspektive, die den landschaftlichen Charakter unterstreicht.

Wirkungen

Mit naturbelassenen, getrockneten „Exoten", die in eine zähe Klebemasse gelegt sind, ist diese Fläche gestaltet. Der Kleber ist mit Quarzsand abgestreut. Runde Formen stehen leicht bewegten Linien spannungsreich gegenüber. Die räumliche Tiefe der Arbeit beträgt ca. 5 cm und wird somit nicht als dritte Dimension wahrgenommen. Die Seitenmaße betragen 50 cm. Der Rahmen ist mit einer Holzplatte von hinten versehen. Die Wirkung ist klar, naturbelassen und gesammelt.

Unten: Auf der weißen Grundplatte mit den Maßen 60 × 120 cm sind rechts und links je eine schwarze Platte, 60 × 50 cm groß, angebracht. Diese Flächen sind mit etwa 8 cm Abstand an der weißen Grundfläche befestigt. Auf der verbleibenden ca. 20 × 60 cm großen Fläche sind drei rotlackierte Mohnkapseln mit sich überschneidenden Stielen auf Stahlstiften angeordnet. Eine ausgeprägt graphisch-abstrakte Wirkung geht von dieser Arbeit aus.

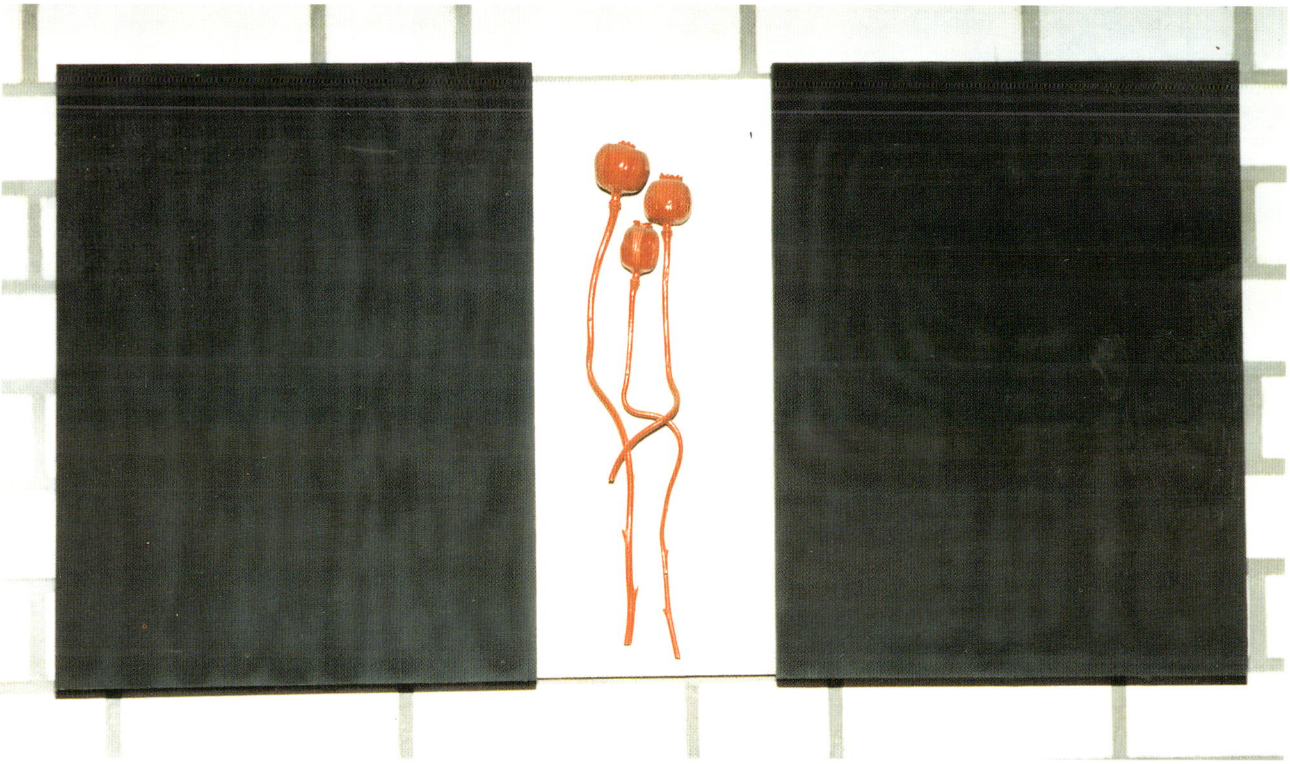

Zeichnen und praktische Ausführung

Im Rahmen der Meisterausbildung und -prüfung nimmt die Themengestaltung einen beachtlichen Zeitraum in Anspruch. Der praktischen Ausführung geht regelmäßig eine zeichnerische Ausarbeitung voraus.
Hierbei wird Wert darauf gelegt, daß sowohl ein Aufriß, als auch ein Grundriß maßstabgerecht gezeichnet werden. Im Aufriß kann dabei die Flächengliederung und im Grundriß die Tiefenschichtung geübt und verdeutlicht werden. Die richtige Anwendung von Farben ist ein weiterer Punkt des Lernprozesses.
Grundsätzlich muß die gesamte Zeichnung zuerst mit Bleistift erstellt sein, dann werden Blumen und Blätter mit wasserfester Tusche gezeichnet. Nachdem dann auch der technische Aufbau, Vermaßung, Thema und Name mit Tusche auf das Zeichenblatt gebracht sind, kann die Bleistiftzeichnung ausradiert werden. Erst jetzt werden die notwendigen Farben in sehr wässriger Form dünn aufgetragen.

Für das Umsetzen der Zeichnung in die Praxis ist es sinnvoll, eine Werkstoff- und Materialliste anzulegen und danach die benötigten Teile zielgerichtet zu beschaffen. Sind alle Elemente vorhanden und vorbereitet, kann es an die praktische Ausführung des Themas gehen.
Auf den vorhergehenden und folgenden Seiten sind Übungszeichnungen von Meisterschülern des ersten Seminars, bis hin zu ausgereiften Zeichnungen des siebten Seminars abgebildet. Darüberhinaus ist von einem meiner französischen Meisterschüler auch eine praktische Arbeit mit der Zeichnung zum Vergleich fotografiert. Andere Themen wurden von namhaften Floristen im Rahmen der BuGa 1987 in Düsseldorf gestaltet.

Formaler Aufbau einer Zeichnung mit Aufriß und Grundriß

Folgende Punkte sind bei einer Zeichnung einzufügen:

Thema
A. = Aufriß
G. = Grundriß
M. = Maßstab

Name
Ort
Datum
und
Vermaßungslinien

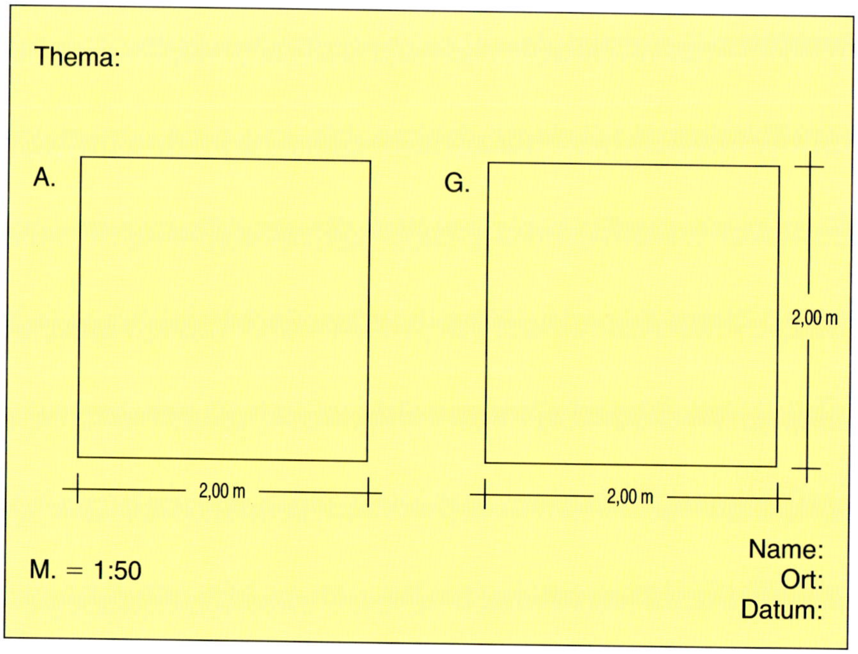

Das Thema „Graphisch" ist asymmetrisch mit wenigen Blättern und Blüten gestaltet. Farbige Kunststoffseile stellen eine tatsächliche Verbindung zwischen den einzelnen Gruppenteilen her. Die Haupt- und Nebengruppe sind links von der Mitte, die Gegengruppe rechts von ihr angeordnet. Kugeln und Halbkugeln sind als weitere Gestaltungselemente eingesetzt.

Das Foto rechts zeigt einen Ausschnitt der praktischen Ausarbeitung, die zum Beispiel als Schmuck im Eingangsbereich einer modernen Galerie dienen könnte.

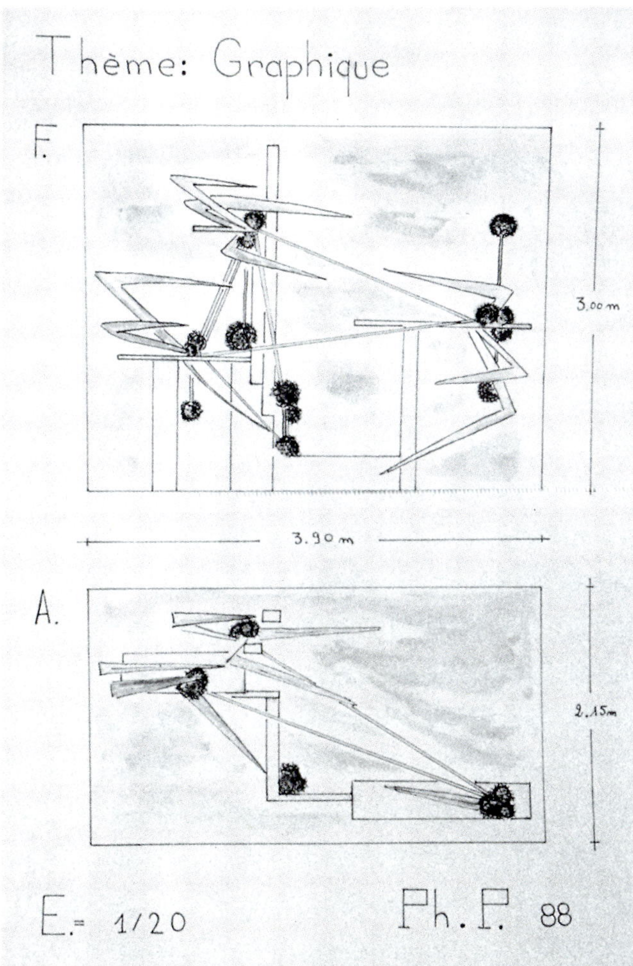

Erste Übungszeichnung und Ausschnitt der praktischen Realisation von einem Meisterschüler aus Paris/Vernouillet.

Erntedank

Eine nichtalltägliche Darstellung des Blumenschmucks zum Thema „Erntedank". Alle wesentlichen Attribute wie Blüten, Früchte und Samen, die den Erntedank ausdrükken, sind in fast abstrakter Art in die Gestaltung einbezogen. Zwei Pyramiden, aus Spanplatten gebaut, bilden die Basis für diese Ausarbeitung. In Teilbereichen sind die Pyramiden offen und konnten somit auch innen mit Werkstoffen ausgestattet werden.
Die Arbeit entstand in einem Lehrgang des FDF für Dekorationskunde in Grünberg.

Ausschnitt aus der rechts abgebildeten Gestaltung.

Haus des Osiris

Vom Quadriga Team auf der Buga 87 gestaltetes Thema. Das Team nahm die Sagen um den altägyptischen Fruchtbarkeitsgott Osiris und dessen Haus als Ausgangsidee für die floristische Interpretation.

Teilansicht der Gesamtarbeit.

Ausschnitte aus dem Thema „Haus des Osiris".

Blütensäule aus Trockenblumen gesteckt. Wenige Brombeerranken umspielen diese Säule und führen mit ihren Linien in den Blütenkörper zurück. Die kompakte Darstellung wird dadurch unterstützt.

Ausschnitt aus der strukturhaft gestalteten Trockenblumensäule.

Korb mit getrockneten Werkstoffen, strukturell gestaltet. Neben einigen Parallelbündelungen wurde auch Wolle zu den Blüten geordnet.

Spezielle Gestaltungslehre

9 Die Geltungsformen

Formen großer Geltung

Spezielle Gestaltungslehre

Diese Gestaltungslehre befaßt sich mit der Einordnung der Blumen und Pflanzen nach ihrem Geltungsanspruch und nach ihrem Bewegungsrhythmus.
Um eine Einordnung überhaupt vornehmen zu können, ist es notwendig die Werkstoffe bewußt zu sehen und zu erkennen. Der Geltungsanspruch wird in drei Gruppen mit unterschiedlicher Geltung eingeordnet.

Wenn der Florist erkannt hat, daß Blumen wie Eremurus, Rittersporn, Lilie oder Strelitzia dominierend sind, so wird er feststellen, daß solche Formen am besten zur Geltung kommen, wenn sie zu wenigen angeordnet werden. Sie fordern je nach Blütenform und Anordnung einen großen Freiraum. Die Mischung verschiedener Formen großer Geltung in einem floristischen Werkstück ist nicht sinnvoll, da sie sich gegenseitig in der Ausstrahlung mindern. Auch das Kurzschneiden solcher Formen muß bei den meisten Blüten vermieden werden. Gesteigert werden Formen großer Geltung in der Kombination mit Blumen oder Pflanzen geringerer Geltung.

Formen mittlerer Geltung

In der Regel kommen Formen mittlerer Geltung am besten in einer größeren Summierung zur Wirkung. Ranunkeln, Nelken, Tulpen oder Narzissen sind typische Vertreter dieser Gruppe. Die Verwendung weniger oder einzelner Formen dieser Gruppe hat eine Steigerung ihrer Erscheinungsform zur Folge. In der Kombination mit Blumen großer Geltung ordnen sich die mittlerer Geltung immer unter. Andererseits stehen sie aber über denen geringer Geltung.

Besonders prunkvoll sind Pfingstrosen, großblütige Chrysanthemen oder Hortensien. Solche und andere prunkvolle Werkstoffe eignen sich in hervorragender Weise für dekorative Gestaltungen, dennoch können sie auch einzeln Verwendung finden. Der Anspruch an den Freiraum ist bei den Formen mittlerer Geltung wesentlich geringer als bei denen großer Geltung.

Formen geringer Geltung

Diese Gruppe von Werkstoffen kommt am besten zur Geltung, wenn sie zu vielen Verwendung findet. Blumen und Pflanzen wie Bellis, Vergißmeinnicht, Primel, Caltha oder Moose sind für diese Gruppe typisch. Ihr Anspruch an den Freiraum ist ganz gering. Sie ordnen sich üblicherweise den Formen mittlerer und großer Geltung unter. Allerdings kann eine floristische Gestaltung auch nur mit Formen geringerer Geltung recht reizvoll sein. Eine Gefäßbepflanzung für das Freiland, bestehend aus verschiedenen Sempervivumarten mit Cerastium, Aubretia, Arabis und Artemisia soll als Beispiel genannt sein.
Die Einteilung nach großer, mittlerer und geringer Geltung bedeutet nicht, daß der Florist die Werkstoffe unterschiedlich achtet, im Gegenteil, er soll besser erkennen, welche Forderung die Blume und Pflanze an ihn als Gestalter stellt.
Als erstes muß der Florist dieser Forderung gerecht werden, erst dann kommen Kriterien zum Tragen, die in den verschiedenen Gestaltungsarten eine Rolle spielen.

Form geringer Geltung, Caltha palustris – Sumpfdotterblume.

10 Die Bewegungen

Aktive Bewegungsformen

Die Bewegungsformen werden in zwei große Gruppen eingeteilt. Der Florist unterscheidet aktive und passive Bewegungsformen. Nicht zu verwechseln sind diese mit den Geltungsformen. Als Beispiel seien hier Muscari genannt, die im Bereich der Geltungsformen geringe Geltung besitzen, andererseits im Bereich der Bewegungsformen aber als aktiv-aufstrebend eingeordnet sind.

Aktive Bewegungsformen
1. aufstrebend
2. aufstrebend-entfaltend
3. aufstrebend-ausschwingend
4. aufstrebend mit rundem oder flachem Endpunkt
5. aufstrebend spielend oder brüchig

Zu 1.
Die aufstrebenden Formen enden meist mit einer Spitze. Typha, Eremurus, Ixia, Rittersporn und ähnliche Werkstoffe haben eine starke Ausstrahlung über ihre Spitze hinaus und vertragen deshalb keine anderen Formen über sich. Sie benötigen vor allem über sich viel Freiraum.

Aufstrebende Formen.

Zu 2.
Die aufstrebenden Entfaltungsformen benötigen weniger Platz über sich als neben oder unter sich. Eine Lilium longiflorum ist ein ausgeprägtes Beispiel für diese Gruppe. Meist besitzen aufstrebende Entfaltungsformen wie auch rein aufstrebende Formen einen großen Geltungsanspruch.

Zu 3.
Ausschwingende Werkstoffe lassen sich recht gut mit den vorgenannten Formen kombinieren. Sie enden oft auch in einer Spitze, die den Raum seitlich oder nach unten mehr beansprucht. Eine floristische Arbeit, nur mit ausschwingenden Formen gestaltet, zeigt eine große Konsequenz, stellt an das Können des Floristen aber auch eine hohe Anforderung. (Abbildung nächste Seite).

Aufstrebende Entfaltungsformen.

Zu 4.
Aufstrebende Formen mit rundem oder flachem Endpunkt ordnen sich allen vorgenannten Formen unter. Sie benötigen relativ wenig Freiraum. Je nach Geltungsanspruch lassen sich diese Formen auch recht kurz verarbeiten. Nur in der vegetativen oder parallel-vegetativen Gestaltungsart müssen diese Formen mit sichtbarem Stiel verarbeitet werden.

Aufstrebend ausschwingende Formen.

3

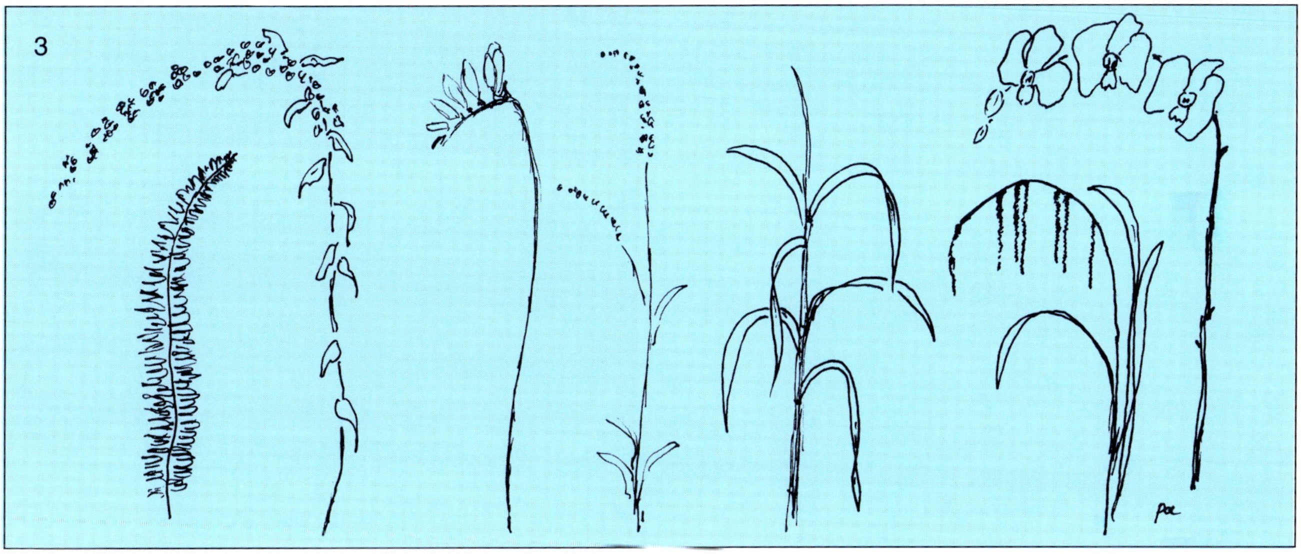

Aufstrebende Formen mit rundem oder flachem Endpunkt.

4

Zu 5.
Die Wicke, Gloriosa oder Stephanotis zählen zu den spielenden, die Schlehe, Korkenzieherhasel oder Malus (in Altersform) gehören zu den brüchigen Bewegungsformen. Diese Pflanzen wachsen zwar aufstrebend, zeigen dabei aber viele weiche oder harte abrupte Bewegungsänderungen. Hervorragend sind solche Formen zu verwenden in Verbindung mit geraden oder streng gewachsenen Pflanzen. Durch bewußt herbeigeführte Überschneidungen verschiedener Werkstoffe kann eine Steigerung der jeweiligen Bewegungsform erreicht werden.

Brüchige Bewegung der Prunus spinosa, Schlehe.

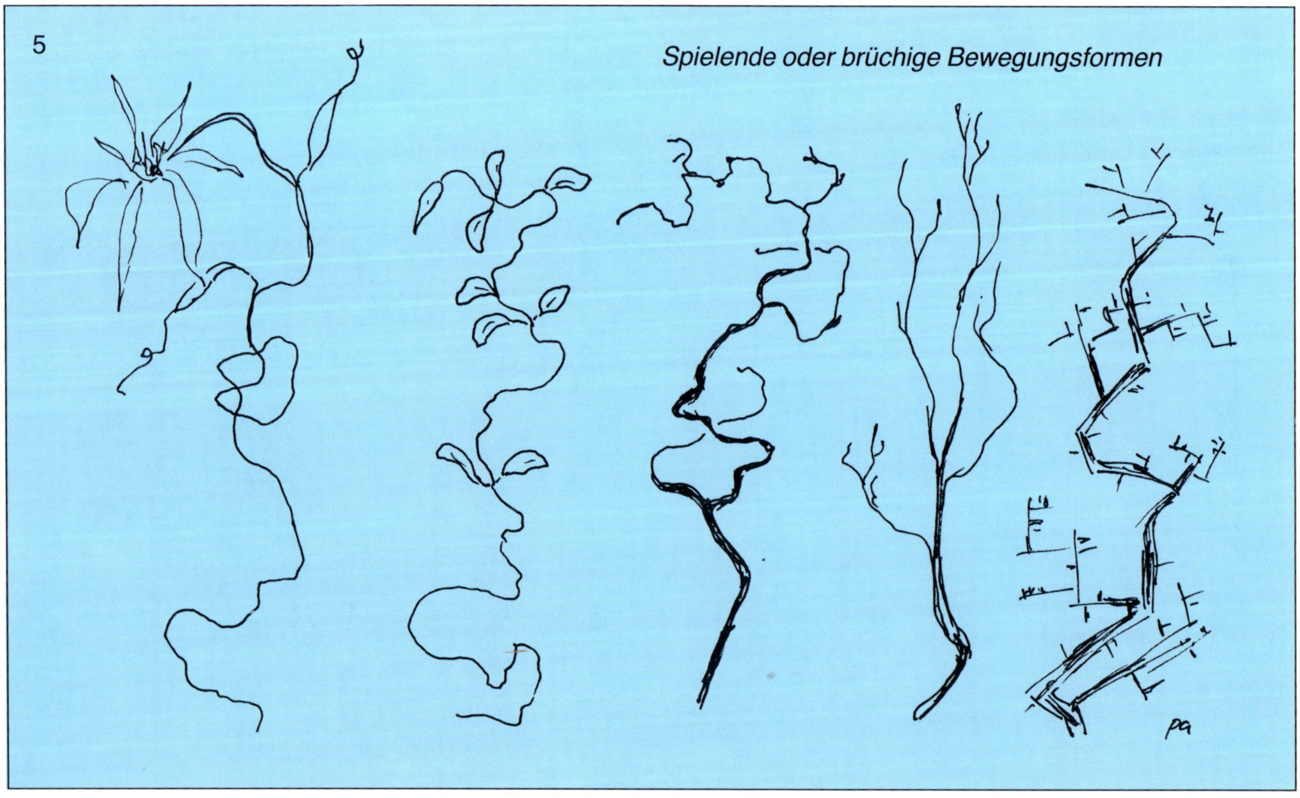

Passive Bewegungsformen

1. lagernd, sammelnd und lastend
2. abfließend
3. abfließend mit aufstrebendem Endpunkt

Zu 1.
Echeverien, Moose, Selaginella, Soleirolia oder verschiedene Primelarten gehören zu den lagernden bzw. sammelnden und lastenden Werkstoffen. Diese Bewegungsformen werden in der Kombination mit anderen Pflanzen im Basisbereich angeordnet. Sie geben den anderen Blumen den notwendigen optischen Halt. Man spricht auch von den Statik bildenden Werkstoffen, die meist in einem spannungsreichen Verhältnis zu den aktiv-aufstrebenden dynamischen Formen stehen.

Sempervivum Hauswurz

Primula vulgaris (acaulis)

Zu 2.
Abfließende Formen sind verbindende Elemente zwischen Werkstück und Gefäß bzw. Werkstück und Stellfläche wie Tisch oder Sideboard. Senecio, Ceropegia oder Tillandsia gehören zu ihnen. Sie wachsen nach unten, Richtung Erdmittelpunkt, wobei die Blätter der Ranken meist waagerecht stehen.

Zu 3.
Die Columnea hirta oder Hedera helix gehören zu der abfließenden Werkstoffgruppe, die mit dem Endpunkt ihrer Ranke wieder nach oben, Richtung Sonne wachsen. Auch die letztgenannte Form kann verbinden. In einem „Pflanzturm" können solche abfließenden Formen allerdings auch alleine interessant wirken.

Peperomia – Pfeffergewächs

Abfließende Bewegungsformen

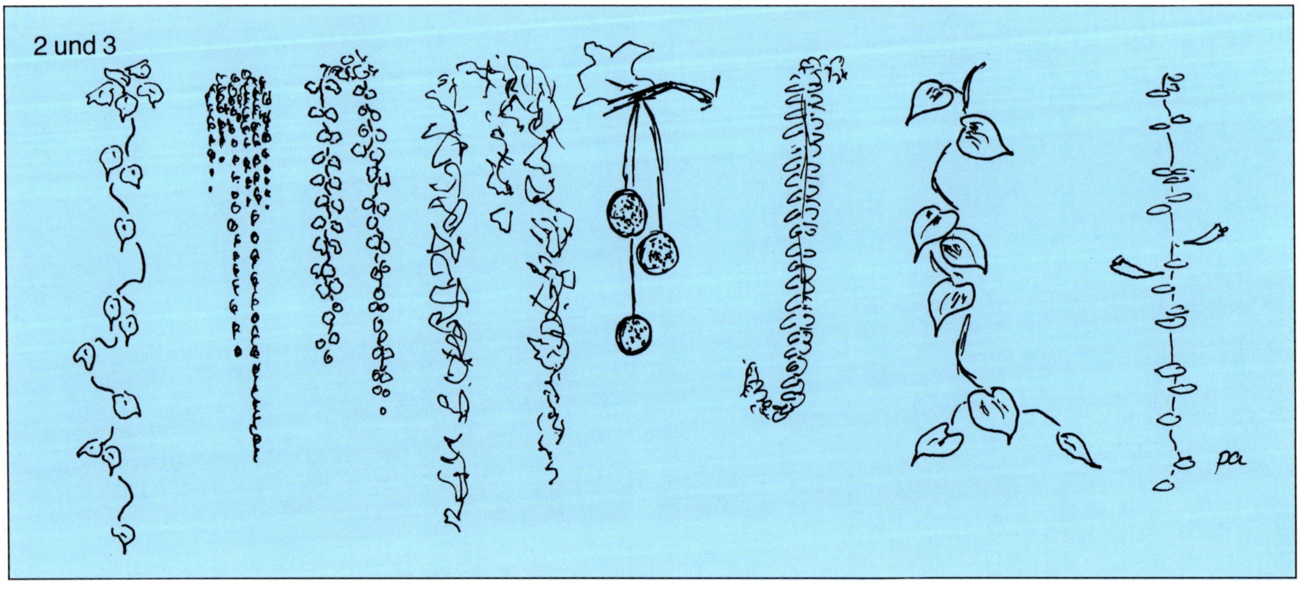

Gräserbild

Oberirdische Pflanzenteile, wie diese Gräser, die im Herbst abgestorben sind, bilden durch Wettereinflüsse wie Regen, Schnee und Wind einen Bewegungsrhythmus. Der Florist sollte an diesem Naturbild erkennen, daß floristische Gestaltungen auch mit nur einem Werkstoff interessant sein können. Allerdings ist das Kopieren der Natur nicht anzustreben , vielmehr sollte interpretiert werden. Der hier abgebildete Bewegungsrhythmus kann sicher auf eine Anordnung mit länglichen Schoten oder Blättern übertragen werden.

Die Schlehe gehört zu den brüchigen Bewegungsformen. Sie bildet zu strengen geraden Linien einen großen Bewegungskontrast.

Fast lagernd und ohne eine bestimmte Bewegungsrichtung zu zeigen, wirkt das Lamiastrum in dichter Anordnung. Wächst es an Hängen oder über Mauern, so zeigt es lange Ranken, die gut haltbar sind und in der Floristik Verwendung finden.

Der Miscanthus ist ein typischer Vertreter der aufstrebend-ausschwingenden Bewegungsform. In Verbindung mit anderen Blumen in einer floristischen Arbeit benötigt er viel Freiraum. Auch eine Anordnung in geringer Menge ohne andere Werkstoffe kann seine Ausdruckskraft steigern. Allerdings zeigt auch die Monotonie des Miscanthus in der Summierung eine große Ausstrahlung.

Winden zeigen oftmals ein Bild des spielerischen Ineinanderwachsens. Hierdurch entstehen Verdichtungen und Freiräume, die Spannung erzeugen. Der Florist sollte solche naturgegebenen Fakten erkennen und womöglich in seinen Werkstücken anwenden.

11 Die Oberflächenstrukturen

Ein wichtiges, weiteres Kriterium der speziellen Gestaltungslehre ist die Oberflächenbeschaffenheit der Blüten und Blätter. Das Erscheinungsbild unserer Werkstoffe wird im wesentlichen durch den Geltungsanspruch, die Wachstumsbewegung (diese beiden Aspekte sind in den vorhergehenden Kapiteln behandelt) und die Struktur geprägt.

Die Farben spielen zwar auch eine sehr große Rolle, sind aber nicht als pflanzenspezifisch zu sehen. Dennoch kann die Farbe die Strukturen in ihrer Wirkung steigern oder abschwächen. Rosafarbene Usambaraveilchen wirken nicht so samtig wie violettfarbene.

Umgekehrt beeinflußt die Oberflächenstruktur die Wirkung der Farbe. Eine glatt ausgeprägte Oberfläche läßt die Farbe Rot heller und leuchtkräftiger erscheinen als eine rauhe, tiefe Struktur.

Jeder Florist sollte die wichtigsten Oberflächenausprägungen der Werkstoffe kennen und bewußt anwenden können. Er muß sowohl in der Lage sein, durch gleiche Strukturen einen Gleichklang zu schaffen, als auch durch gegensätzliche Strukturen Kontraste zu erzielen. Hierbei spricht man von der Harmonie großer Unterschiede. Je nach Menge der verwendeten verschiedenen Oberflächen kann die Wirkung zusätzlich gesteigert werden (Akzent).

Neben den Blumen und Pflanzen besitzen natürlich auch alle Materialien eine mehr oder minder ausgeprägte Oberflächenbeschaffenheit (Textur). Im täglichen Umgang mit Materialien begegnen wir zum Beispiel Seidenbändern, Wollbändern, Zierdrähten, Glasgefäßen, Keramiken und vielem anderem mehr.

Um eine Einteilung und Zuordnung der Strukturen zu Pflanzen oder Materialien vornehmen zu können, muß konkret differenziert werden. Nicht nur zwischen Gattungen und Arten, sondern gegebenenfalls auch zwischen Sorten. Bei Material, wie zum Beispiel Metall, ist eine genaue Definition des Metalls und dessen Zustand zu fordern, um die richtige Zuordnung zur Oberflächenbeschaffenheit zu gewährleisten. Metall kann glänzend und glatt, matt und stumpf, rauh und rustikal (rostig) sein.

Die Wirkung der stofflichen Erscheinung auf den Betrachter ist für die nachfolgende Einteilung ausschlaggebend.

Metallische Erscheinung

Glänzend und glatt

Anthurium andreanum, Blüte und Blatt
Philodendron erubescens, Blatt
Ilex aquifolium, Blatt
Vriesea splendens, Hochblatt

Matt und stumpf

Saxifraga cotyledon – Blatt
Sedum sphathulifolium – Blatt, bzw. Pflanze ohne Blüte
Sedum telephium (8 versch. Arten) – Pflanze ohne Blüten
Yucca filimentosa – Blatt

Rauh und rustikal

Begonia metallica – Blatt je nach Farbausprägung
Lamiastrum galeobdolon – Blatt

17 Die Summierung

Bei floristischen Arbeiten mit geschlossenem Umriß (zum Beispiel Parallelgesteck in Rechteckform) können ohne Höhenunterschiede die einzelnen Gruppen durch Summierung und Verdichtung der Werkstoffe hervorgehoben werden. Die geringe Transparenz in diesen, durch größere Menge betonten Bereichen, hilft die Gruppen erkennbar zu machen.

In Steckarbeiten ohne geschlossenen Umriß besteht die Möglichkeit, einzelne Gestaltungskriterien durch Summierung besonders hervorzuheben.

Ein Gesteck, nur aus geknickten Binsen gestaltet, kann zum einen den häufig wiederkehrenden Winkel an der Knickstelle stärker verdeutlichen, andererseits Überschneidungen hervorheben. Solche Arbeiten werden gerne auch als „graphische Werkstücke" bezeichnet. Falsch ist die Vorstellung, daß nur Reduzierung zu graphischen Erscheinungen führt.

Summierungen eines Werkstoffes eignen sich auch dafür, Formationen zu erstellen.

Zwischen Plexiglas verspannte Wollfäden und aufgehängte Pflanzenteile zeigen durch teilweise summierte Anordnung Schwerpunkte. Die Arbeit wurde im Rahmen der Meisterprüfung 1988 in Grünberg gezeigt.

18 Die Reduzierung

Einzelne oder wenige Pflanzenteile können in einem Gesteck ihre typische Erscheinung am besten zeigen. Vom Betrachter erfordern solche Einzelstellungen allerdings ein aufmerksames, bewußtes Sehen und Erkennen der Blumen und Blätter. Bewegungen, die in einer Summierung erkennbar sind, werden in einer reduzierten Darstellung nur von dem geschulten Auge erkannt. Jeder Florist sollte sich darin üben, Werkstoffe auch in geringer Menge spannungsreich zu verarbeiten. Der Weg zu guten Arbeiten mit vielen Blumen führt meines Erachtens nur über das Erlernen von Werkstücken aus wenigen Teilen. Bestimmte Blüten gewinnen in der Einzeldarstellung und verlieren an Ausdruckskraft in einer summierten Darstellung. Das gleiche gilt für einige Bewegungsformen. Die Korkenzieherhasel zeigt in der reduzierten Anordnung ihre Bewegungen deutlicher als in massiger Verwendung. Werkstücke aus wenigen Teilen erscheinen oft abstrakt und graphisch und versuchen Wesentliches zu zeigen.

Im Verhältnis zur Grundfläche (7 qm) sind nur wenige Irisblüten und Blätter verwendet worden. Diese Übungsarbeit stellt den Werkstoff Iris in besonderer Weise heraus. Der große Geltungsanspruch der sich entfaltenden Blütenform und die aktiv aufstrebende Blattform kommen so deutlich zum Ausdruck.

Akzent gesteigert durch Licht

Noch am Anfang vieler Einsatzmöglichkeiten befinden wir uns bei der Benutzung von Licht. Interessante Lichtbündelungen und Lichtlinien (lichtleitende Stangen oder Schnüre) können gerade in der Trockenfloristik wirkungsvoll als Akzent eingesetzt werden. Beim Einsatz von Kunstlicht muß in besonderem Maße darauf geachtet werden, daß die Eigenwirkung des Lichtes nicht zu stark wird.

Oftmals kommen mehrere Faktoren zusammen, die einen Akzent bilden. Sowohl die Farbe, als auch die Form und Struktur können in ihm vereint sein. Licht spielt aber immer eine Rolle.

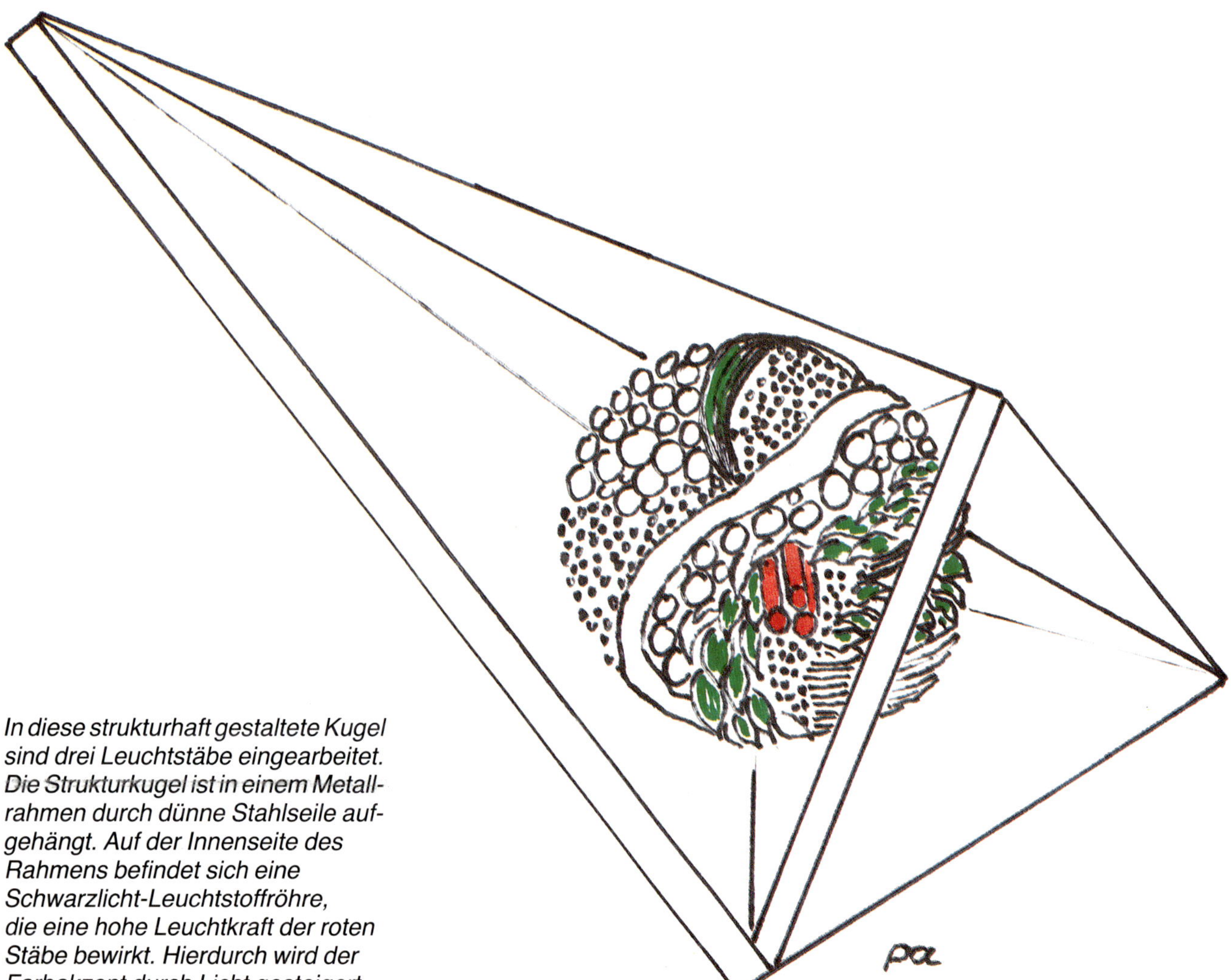

In diese strukturhaft gestaltete Kugel sind drei Leuchtstäbe eingearbeitet. Die Strukturkugel ist in einem Metallrahmen durch dünne Stahlseile aufgehängt. Auf der Innenseite des Rahmens befindet sich eine Schwarzlicht-Leuchtstoffröhre, die eine hohe Leuchtkraft der roten Stäbe bewirkt. Hierdurch wird der Farbakzent durch Licht gesteigert.

21 Die Formation

Wird nur ein Werkstoff in großer Menge gleichwertig verarbeitet, so spricht man von einer Formation.
60 Hostablätter von einer Sorte, lamellenförmig auf eine ruhige Fläche gesteckt, entsprechen dieser Forderung. Ein dünner roter Draht, als Akzent eingearbeitet, kann die Wirkung der Formation steigern.
Die Stellung des ausgewählten Werkstoffes kann ganz unterschiedlich sein. Meistens wird zwar von Formationen gesprochen, wenn alle Teile in der Senkrechten bzw. in einem bestimmten Winkel zur Grundfläche stehen. Interessanter und spannungsreicher wird eine solche Arbeit allerdings, wenn sich die Anordnungswinkel verändern oder sogar Überschneidungen vorhanden sind.

So wie sich Blätter für eine Formation eignen, können auch Blüten Verwendung finden. Sinnvoll ist es aber, nur solche Blüten auszuwählen, die auch an der Pflanze gleichzeitig zu mehreren erscheinen. Recht gut eignen sich Liatris, Mohn, Rosen und Narzissen.
Die Möglichkeit, in einer Formation mit mehreren verschiedenen Pflanzenteilen zu gestalten, ist nur dann zu befürworten, wenn sich bis auf einen Werkstoff alle anderen konsequent unterordnen und nicht in Konkurrenz zu diesem stehen. Dies schließt nicht aus, daß die sich unterordnenden Blüten oder Blätter die eigentliche Formation durch ihre Farbe und Form steigern können.

Wildwachsende Blumen in der Nähe der französischen Atlantikküste.

Steinformation, in Frankreich gesehen.

22 Die Spannung

In der Floristik bieten sich viele Möglichkeiten, spannungsreich zu gestalten.
Von Spannung wird gesprochen, wenn zum Beispiel die Hauptgruppe und Gegengruppe in einem Werkstück nicht zu nah und nicht zu weit voneinander entfernt angeordnet sind. Hierfür gibt es keine genauen Maßeinheiten, vielmehr ist das Harmoniegefühl des Floristen hierbei gefordert.
Eine andere Art, Spannung zu erzeugen, liegt in der Gegenüberstellung unterschiedlicher Wuchs- oder Bewegungsformen. Die brüchige Form der Prunus spinosa (Schlehe) steht spannungsvoll der geraden Form einer Typha minima (Schilfrohr) gegenüber.
Auch die Verwendung von Farben aus dem Komplementärbereich führt zur Spannung, wobei das Mengenverhältnis der Farben zueinander steigernd oder abschwächend wirken kann.
Der Farb- und Formenreichtum unserer Natur ist so vielfältig, daß mannigfaltige Gelegenheiten bestehen, spannungsreich zu arbeiten.

Drei Blätter stehen mit ihren ruhigen Flächen den unruhigen und aufgerissenen Bewegungsformen der übrigen Werkstoffe entgegen.

Die Zeichnung wurde von einer Meisterschülerin nach einer Arbeit von K. Ikeda, Japan, angefertigt.

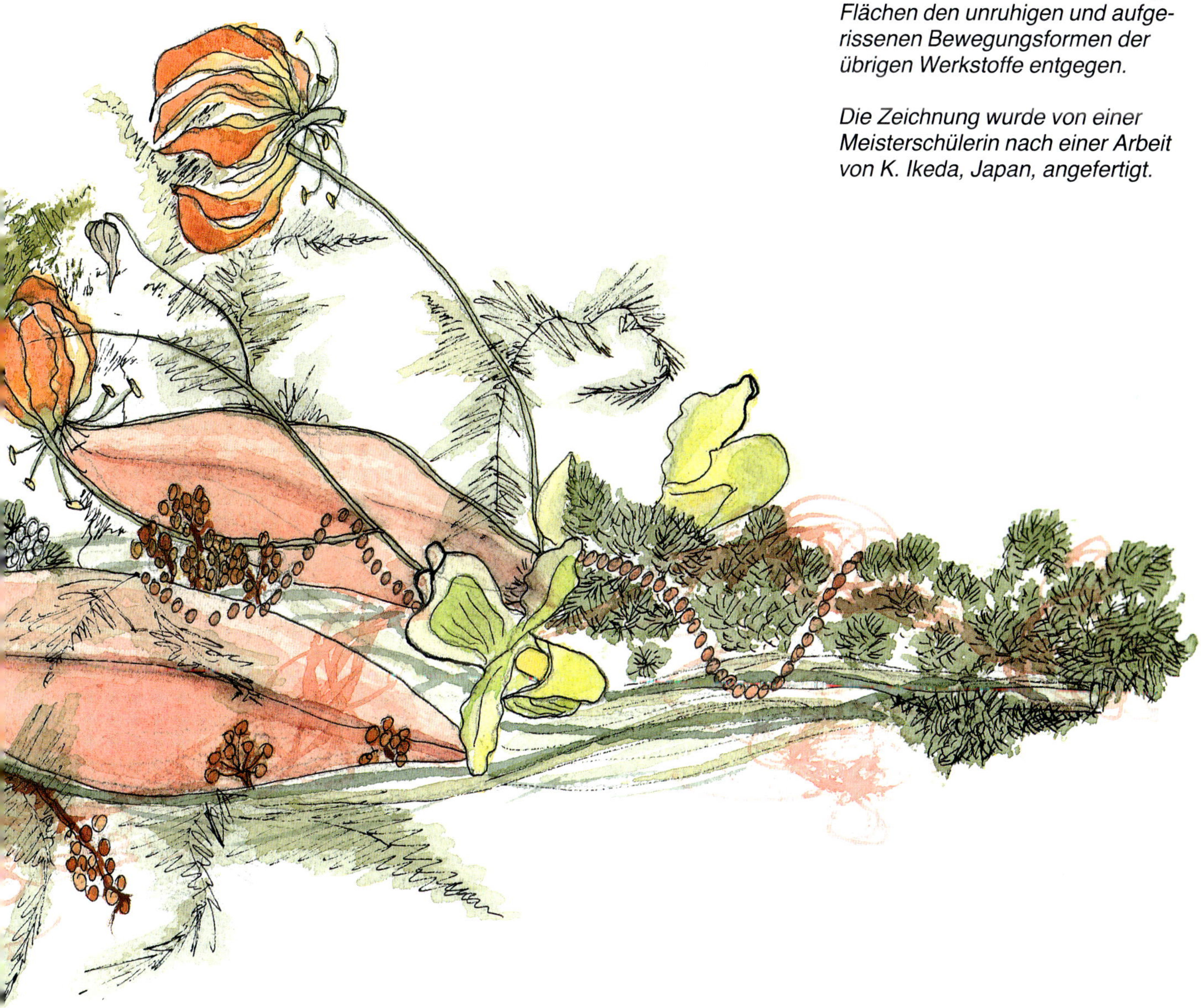

Durch Überschneidungen, Farb- und Formenkontraste wurden in dieser Themengestaltung ausdrucksvolle Spannungen erzeugt.

In dieser Ausarbeitung zeigen sich die technischen Hilfsmittel, wie Eisenstangen, Draht und Plexiglas auch gleichzeitig als Gestaltungselemente. Es wurde ohne Steckmasse oder Moos gearbeitet.

23 Die Flächengliederung und Tiefenschichtung

Unter dem oben genannten Begriff versteht man in der Floristik die Gliederung einer mehrdimensionalen Arbeit von vorne gesehen. Die räumliche Tiefe wird also hierbei erst einmal nicht berücksichtigt. Grundsätzlich unterscheiden sich Flächengliederungen in Symmetrie und Asymmetrie.

Nehmen wir ein Gesteck, asymmetrisch mit Haupt-, Gegen- und Nebengruppe geordnet, als Beispiel. Sehen wir nun die Hauptgruppe rechts von der Mitte, so besagt dieses noch nichts darüber, ob diese vorne oder hinten auf der Grundfläche angebracht ist. Wichtig ist allerdings, daß die Gegengruppe als zweitgrößte dann links von der Mitte erscheint.

Die Nebengruppe wird sich immer in der Nähe der Hauptgruppe befinden und in unserem Beispiel rechts von ihr stehen.

Nicht zu verwechseln ist die hier angesprochene Flächengliederung mit der Flächengestaltung, bei der zwar auch gegliedert wird, aber die räumliche Tiefe nur eine unwesentliche Rolle einnimmt.

Betrachten wir eine füllige, dekorative Straußgestaltung, so werden die von unserem Blickpunkt rückwärtig erscheinenden Blumen und Blätter durch die vorne angebrachten verdeckt und nicht sichtbar sein. Wir können also die Dimension der räumlichen Tiefe nur erahnen und bedingt wahrnehmen.

Die Gliederung der Werkstoffe in der Ansichtsseite ist aber sowohl von rechts nach links, als auch von unten nach oben erkennbar.

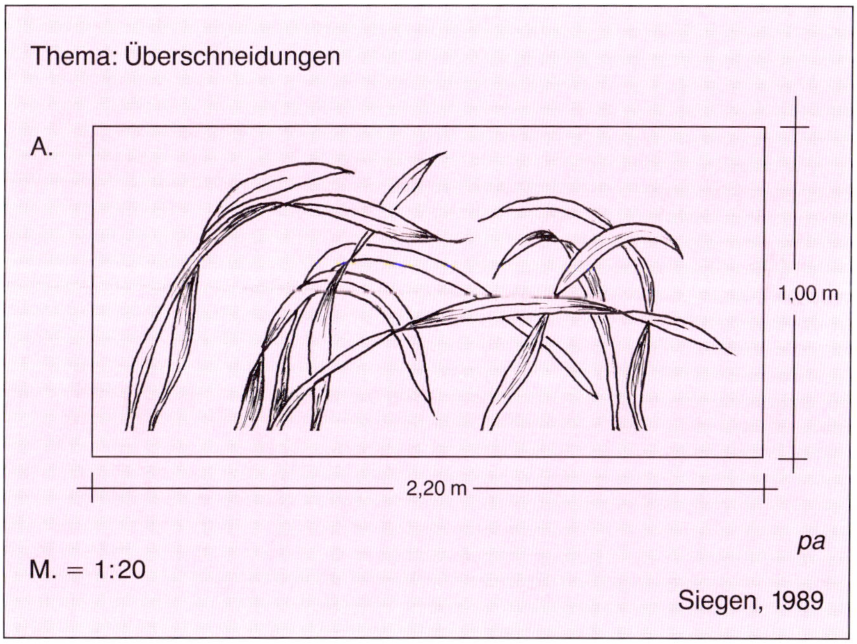

Durch die Überschneidungen der Blätter entsteht zwar eine gewisse räumliche Tiefe, wie weit aber die Blätter tatsächlich im Raum hinten oder vorne befestigt sind, kann nur dem Grundriß oder Seitenriß entnommen werden.
Die Flächengliederung (also die Aufteilung von rechts nach links) kann der Zeichnung eindeutig entnommen werden.

In einer symmetrischen Darstellung müssen sich die Blüten und Blattformen wie auch die Farben, die rechts von der geometrischen Mitte vorhanden sind, links von ihr wiederholen. Hierbei ist darauf zu achten, daß jeweils die gleichen Mengen verteilt werden. Nicht die Stückzahl ist entscheidend, sondern das optische Mengenverhältnis.
Wie im Einzelfall gegliedert wird, hängt von der Gestaltungsart, den Werkstoffen und Farben und nicht zuletzt von der Kreativität des Floristen ab. Eine optische Ausgewogenheit muß allerdings gewährleistet sein.

Dekorativer Sommerstrauß, in dem die Werkstoffe gestreut gegliedert sind. Insgesamt ist die Arbeit optisch ausgewogen.

Tiefenschichtung

Mit Tiefenschichtung ist die räumliche Ausdehnung einer floristischen Arbeit von vorne und hinten gemeint. Diese wird klar erkennbar, wenn wir eine Gestaltung von der Seite betrachten (Seitenriß). Auch der Grundriß kann Aufschluß über die räumliche Tiefe geben. Er gibt aber keinen Aufschluß darüber, wie hoch die Werkstoffe oder Materialien sind. Steht nun die Hauptgruppe hinten in einer Schale, so werden die Gegen- und Nebengruppe weiter vorne zu finden sein.

Für jede dreidimensionale Arbeit ist die Beachtung der Tiefenschichtung von großer Bedeutung.

Eine floristische Gestaltung soll sowohl im Aufriß (also von vorne gesehen) als auch im Seitenriß optisch ausgewogen erscheinen.

Das, was für Formen und Farben und deren Verteilung in der Flächengliederung gilt, ist bei der Tiefenschichtung genau so zu beachten. In einer Zeichnung werden die Flächengliederung und Tiefenschichtung erst dann erkennbar, wenn diese perspektivisch angelegt ist.

Bewegungen von Pflanzenteilen können zum Beispiel in dem angesprochenen Thema nur als gerade Linien erscheinen, während in der Flächengliederung die eigentliche Biegung sichtbar wird.

Im Grundriß ist die Anordnung der Werkstoffe von vorne nach hinten (unten nach oben) gesehen eindeutig zu erkennen. Diese Erfassung des Raumes wird mit dem Begriff, „Tiefenschichtung" bezeichnet.

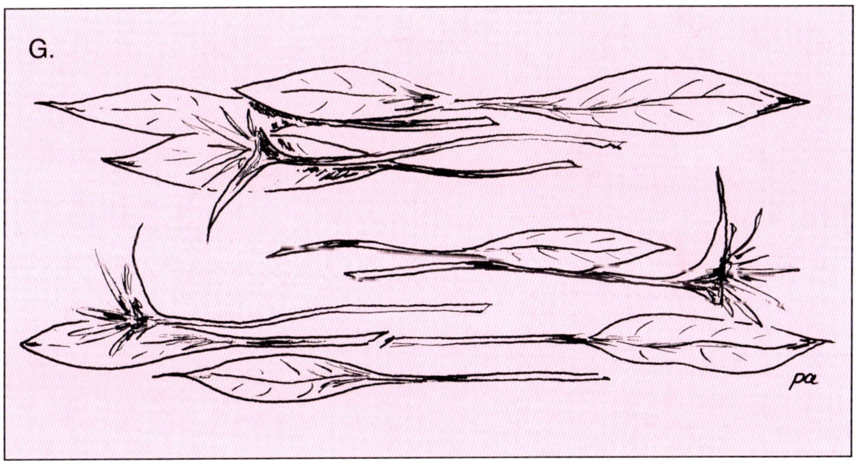

Die Zeichnung zeigt sowohl die Flächengliederung als auch die Tiefenschichtung, (Aufriß und Seitenriß von rechts). Aus dieser Darstellung geht deutlich hervor, daß die Hauptgruppe vorne und die Gegengruppe hinten im Gefäß plaziert ist. Die Bewegungen erscheinen völlig unterschiedlich, je nach dem von welcher Seite die Werkstoffe betrachtet werden.

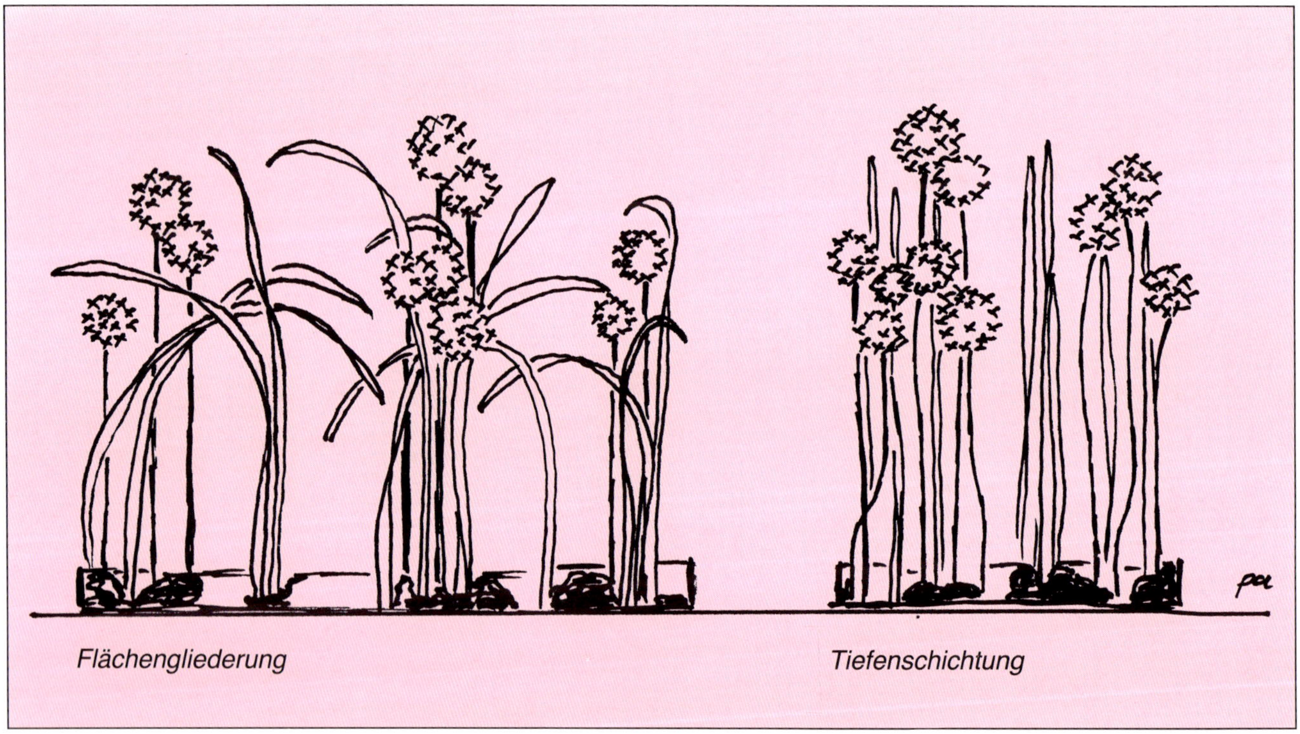

24 Die Farben

Der Farbkreis

Für den Floristen ist die Wirkung der Farben von größter Bedeutung, nicht die Farbwirklichkeit.
Sieht der Mensch einen Gegenstand, so wird er als erstes die Farbe, nicht die Form wahrnehmen. Die meisten der bisher in diesem Buch angesprochenen Themen sind auf formaler Ebene behandelt worden. Ohne Farben wären die floristischen Werkstücke trist und fast nicht vorstellbar. Mehrere Künstler und Wissenschaftler haben Farbenlehren erstellt, hier soll primär die Lehre von Johannes Itten herangezogen werden.
Itten hat für die konstruktive Farbenlehre den zwölfteiligen Farbkreis entwikkelt. In diesem Kreis sind die Grundfarben Gelb, Rot und Blau mit Hilfe eines gleichseitigen Dreiecks so angeordnet, daß die Farbe Gelb oben, Rot rechts unten und Blau links unten zu finden sind. Da der Farbkreis in zwölf Felder aufgeteilt ist, verbleiben zwischen den Grundfarben jeweils drei freie Felder. Das mittlere dieser drei Felder zeigt die Farbe zweiter Ordnung (auch Sekundärfarbe genannt).
Die Mischung gleicher Mengen Rot und Gelb ergibt die Sekundärfarbe Orange, aus Rot und Blau ergibt sich Violett und aus Blau und Gelb ergibt sich Grün.
Zwischen der Grundfarbe (Primärfarbe) und der Farbe zweiter Ordnung (Sekundärfarbe) entsteht durch Mischung dieser Farben im gleichen Mengenverhältnis die Farbe dritter Ordnung (Tertiärfarbe).

Es ergibt:

Gelb und Orange	=	Gelborange
Rot und Orange	=	Rotorange
Rot und Violett	=	Rotviolett
Blau und Violett	=	Blauviolett
Blau und Grün	=	Blaugrün
Gelb und Grün	=	Gelbgrün

Kontraste

Aus dieser von Itten geschaffenen Grundlage lassen sich auch für den Floristen viele Möglichkeiten der richtigen Farbanwendung heranziehen.

Der Komplementärkontrast

Die Farben, die im Farbkreis gegenüberliegen, bilden *den Komplementärkontrast.* Man spricht auch von den Gegensatzfarben. Die Natur zeigt uns unendlich viele Beispiele dieses Kontrastes. Die blaue Aster gewinnt in ihrer Aussagekraft durch ihre gelb-orange Blütenmitte, das violette Usambaraveilchen durch die Gelbanteile. Wir erkennen, daß die Natur unterschiedliche Mengen von Farben in einer Blüte oder Pflanze vereint. Daraus sollte jeder Florist lernen und dieses gegebenenfalls in seine Werkstücke übertragen. Die Verwendung unterschiedlicher Mengen von Farben miteinander nennt man den *Quantitäts-Kontrast.*
Hiermit können auch Farben gemeint sein, die im Farbkreis nebeneinander liegen. Zum Beispiel bilden 95% Rot und 5% Rotviolett einen Quantitäts-Kontrast (Mengenkontrast).

Eine andere Möglichkeit, Spannung zu erzeugen, bietet der *Qualitäts-Kontrast.*
Je reiner eine Farbe ist, desto höher wird ihre Qualität eingestuft. Wie reizvoll kann doch eine Blütenzusammenstellung sein, bei der Mischfarben aus dem Orangebereich, eventuell sogar abgedunkelt oder aufgehellt, mit der reinen Grundfarbe Gelb kombiniert werden.
Da die Farben des zwölfteiligen Farbkreises auch nach kalten und warmen Farmen geordnet werden können, spricht man auch von einem *Kalt-Warm-Kontrast,* zum Beispiel Blaugrün = kalt, Rot = warm.
Der größe *Hell-Dunkel-Kontrast* wird mit den Nichtfarben (Helligkeitswerten oder unbunten Farben) Weiß und Schwarz erzielt. Gelb und Blau zeigen aber auch erhebliche Helligkeitsunterschiede und bilden somit einen Hell-Dunkel-Kontrast.

Kontraste

Als stärksten *Farbe-an-sich-Kontrast* nennt Itten die Zusammenstellung von Gelb, Rot und Blau. Es ist der einfachste der sieben Farbkontraste. Der normal Farbensichtige wird ihn ohne Schwierigkeiten erkennen.
Wird vom menschlichen Auge nur eine Farbe angesehen, so verlangt es zu dieser Farbe die Komplementärfarbe.
Dieser *Simultan-Kontrast* hat vermutlich die gleiche Ursache wie der Sukzessiv-Kontrast (Nachbild-Kontrast).
Das Auge sucht den Ausgleich zu einer Farbe in der Gegensatzfarbe, um Harmonie zu empfinden. Die simultan (gleichzeitig) vor dem Auge entstehende Farbe ist real nicht vorhanden.

Verschiedene Kontraste zeigt dieser Kranz.
1. *Quantitätskontrast (Mengenverhältnis)*
2. *Hell-Dunkel-Kontrast*
3. *Komplementärkontrast*

Farbharmonien

Vom Laien werden meistens solche Farbzusammenstellungen als harmonisch bezeichnet, die aus einem Farbbereich kommen und somit keine großen Kontraste aufweisen.
Itten schreibt: „Die Erfahrungen und Versuche über subjektive Farbakkorde ergeben, daß verschiedene Personen in ihrem Urteil über Harmonie und Disharmonie verschiedener Ansicht sein können.
Im allgemeinen betreffen die Aussagen ›harmonisch – disharmonisch‹ nur den Gefühlsbezirk ›angenehm – unangenehm‹ oder ›sympathisch – unsympathisch‹". Itten zeigt in seinem Buch „Kunst der Farbe", wie man den Begriff der Farbharmonien aus der subjektiv bedingten Gefühlslage heraus in eine objektive Gesetzmäßigkeit bringen kann.
Für den Floristen gilt, daß bei jeder Farbharmonie das Mengenverhältnis (Quantitätskontrast) und die Farbverteilung von großer Bedeutung sind. Wie langweilig wirkt eine noch so harmonische Farbzusammenstellung, wenn die verwendeten Farben alle in gleicher Menge erscheinen, oder alle hellen Farben links und alle dunklen Farben rechts in einem Werkstück angeordnet sind.
Wie spannungsreich ist andererseits eine Kombination von rosa Farbtönen, bei der ein kräftiges Rosa fünf Prozent der Menge darstellt, ein aufgehelltes Rosa zehn Prozent einnimmt und ein stark aufgehelltes Rosa die restlichen 85 Prozent inne hat. Ein Strauß in diesen Farbtönen zeigt nicht nur einen Gleichklang, sondern gleichzeitig einen großen Mengenkontrast. Dieses Prinzip der Anwendung unterschiedlicher Mengen kann auf die meisten floristischen Werkstücke übertragen werden.

Harmonien geringer Abstände

Eine Farbe, die durch Aufhellung oder Abdunkelung in ihrer Helligkeit verändert wird und dann kombiniert Anwendung findet, zeigt eine Harmonie geringer Abstände. Diese Harmonie wird auch Gleichklang oder variierende Einfarbigkeit genannt.
Als praktisches Beispiel sei hier ein Brautstrauß angesprochen, der nur aus grünen, hellgrünen und dunkelgrünen Werkstoffen gearbeitet wird. Denken wir hierbei bitte auch an viele Blüten, die gerade im vergrünten Zustand für die Floristik interessant sind. Zum Beispiel Hortensien, Christrosen, Anthurien aber auch diverse Fruchtstände.

Harmonie kleiner Abstände

Von einer Harmonie kleiner Abstände spricht man, wenn Farben beteiligt sind, die im Farbkreis zwischen zwei Farben 1. Ordnung liegen. Eine der beiden Grundfarben kann allerdings an dieser Harmonie beteiligt sein. Gelb, gelb-orange, orange und rot-orange stellen eine solche Zusammenstellung dar.

Der Zweiklang

Eine Möglichkeit, den Zweiklang spannungsvoll zu zeigen, ist gegeben in der Verwendung zweier Farben, die komplementär zueinander stehen. Hierbei entsteht ein starker Kontrast.
Ein Zweiklang muß aber nicht zwingend einen großen Kontrast beinhalten. Auch Farben, die im Farbkreis nebeneinanderliegen, können einen Zweiklang bilden. Ebenso kann eine unbunte Farbe (Weiß, Grau, Schwarz) mit einer bunten einen solchen zeigen.

Der Dreiklang

Mit einem gleichseitigen oder gleichschenkligen Dreieck kann im Farbkreis der Dreiklang geschaffen werden. Er zeigt immer starke Kontraste. In der Ausgangsstellung des gleichseitigen Dreiecks werden im Farbkreis die Farben Gelb, Rot und Blau ermittelt. Das gleichschenklige Dreieck zeigt in dieser Stellung die Farben Gelb, Rot-Violett und Blau-Violett. Durch Drehen der Dreiecke im Farbkreis entstehen immer wieder neue Farbkombinationen.

Der Vierklang

Die Bezugsfiguren, um Zusammenstellungen mit vier Farben vorzunehmen, sind das Quadrat und das Rechteck. Das Quadrat zeigt in der Grundstellung mit seinen Ecken auf die Farben Gelb, Rot-Orange, Violett und Blau-Grün, während das Rechteck Gelb-Grün, Gelb-Orange, Rot-Violett und Blau-Violett ermittelt.
So wie im Zweiklang eine unbunte Farbe eine bunte Farbe ersetzen kann, so ist dies auch beim Dreiklang oder Vierklang durchführbar. Durch Drehen der Bezugsfiguren können weitere Zusammenstellungen mit vier Farben erzielt werden. Die Aufhellung oder Abdunkelung einzelner oder mehrerer Farben kann den Vierklang in seiner Wirkung steigern oder abschwächen.

Der Fünfklang

Nimmt man zu den bunten Farben, die durch das Dreieck im Farbkreis ermittelt wurden Schwarz und Weiß, so ergibt sich ein Fünfklang. Jeder Florist muß sich darüber im klaren sein, daß Weiß als Hintergrund jede bunte Farbe in ihrer Leuchtkraft abschwächt, während Schwarz die Leuchtkraft der bunten Farbe steigert.

Der Sechsklang

Das Sechseck wird als Bezugsfigur im zwölfteiligen Farbkreis benutzt um einen Sechsklang zu erhalten. Zwei solcher Sechsklänge lassen sich auf dieser Grundlage ermitteln: Gelb, Orange, Rot, Violett, Blau und Grün oder: Gelborange, Rotorange, Rotviolett, Blauviolett, Blaugrün und Gelbgrün.
Natürlich können auch hier einzelne oder mehrere Farben durch unbunte Farben ersetzt werden.
Bei all diesen Aussagen und Anleitungen darf der Florist nicht vergessen, daß in seinen Werkstücken meistens die Farbe Grün in Form von Stielen und Blättern enthalten ist. Er muß dieser Tatsache bei allen Farbkombinationen gerecht werden, und kann deshalb die bekannten Farblehren nur bedingt anwenden.
Außerdem besitzen unsere Werkstoffe die unterschiedlichsten Oberflächenstrukturen, die wiederum einen Einfluß auf die Farbwirkung ausüben. Zu beachten sind weitere Fakten, wie Farbe der Umgebung, Farbsymbolik, Leuchtkraft oder Trübung und Formen und deren Farben.

Interessanter Vierklang mit den Farben Violett, Blau, Blaugrün und Orange. Dieser Vierklang wurde aus der Intuition heraus zusammengestellt und nicht unter Zuhilfenahme der Bezugsfiguren im Farbkreis.

Farbkreis

Primärfarben = Farben erster Ordnung
Systematische Darstellung von Farben
1. Wir entwickeln den 12teiligen Farbkreis.
Im Spektrum sind drei Farben enthalten, die nicht ermischbar sind.
Diese nennen wir Farben erster Ordnung.

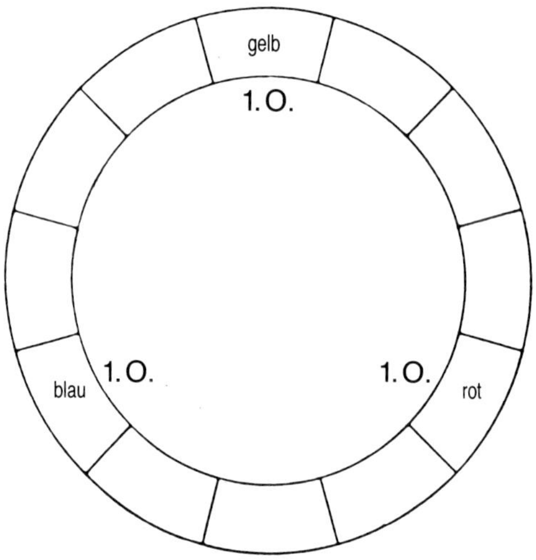

Primärfarben sind Gelb, Rot und Blau.

Sekundärfarben = Farben zweiter Ordnung
Mischen wir zwei Farben 1. Ordnung zu gleichen Teilen, so erhalten wir Farben 2. Ordnung = Sekundärfarben.

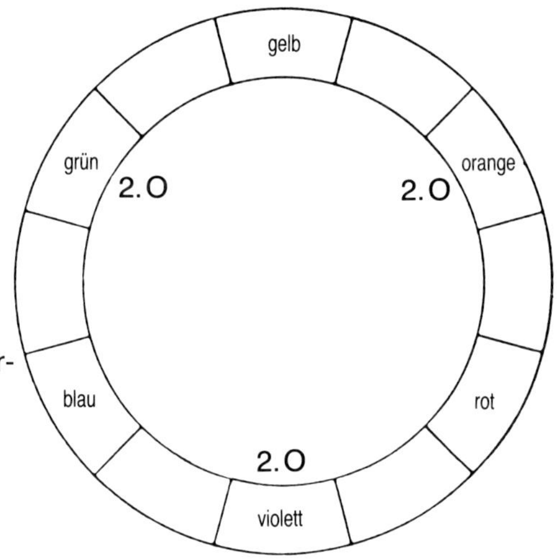

Sekundärfarben sind Orange, Violett und Grün

Verschiedene Bezeichnungen der im Farbkreis vorkommenden Farben.

Primärfarbe
Farbe 1. Ordnung
Grundfarbe
= z.B. Gelb

Sekundärfarbe
Farbe 2. Ordnung
Mischfarbe aus gleichen Anteilen zweier Farben 1. Ordnung
= z. B. Orange

Tertiärfarbe,
Farbe 3. Ordnung,
Mischfarbe aus gleichen Anteilen einer Primär- und einer Sekundärfarbe
= z. B. Blau-violett

Tertiärfarben = Farben dritter Ordnung

Tertiärfarben sind:

Gelb-orange	Blau-violett
Rot-orange	Blau-grün
Rot-violett	Gelb-grün

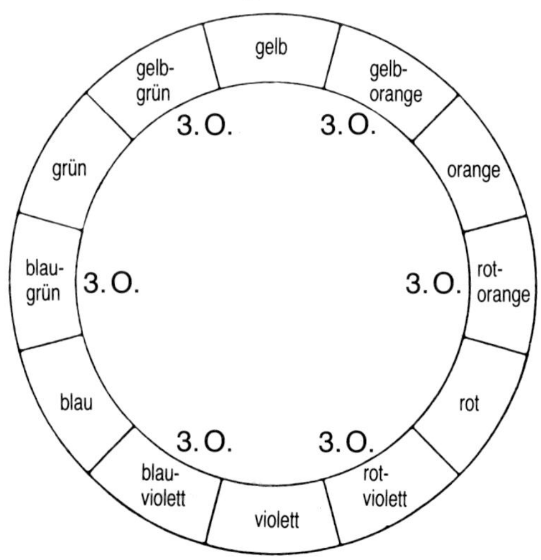

Farbharmonien

Harmonie großer Abstände. Alle Grundfarben sind beteiligt. Komplementärkontrast = Zweiklang
Beispiel Blüte: Usambaraveilchen gelb-violett

Beispiel Pflanze:
Guzmania rot-grün

Beispiele einer floristischen Zusammenstellung: Tischdekoration, verschiedene rote Blüten und grünes Beiwerk.

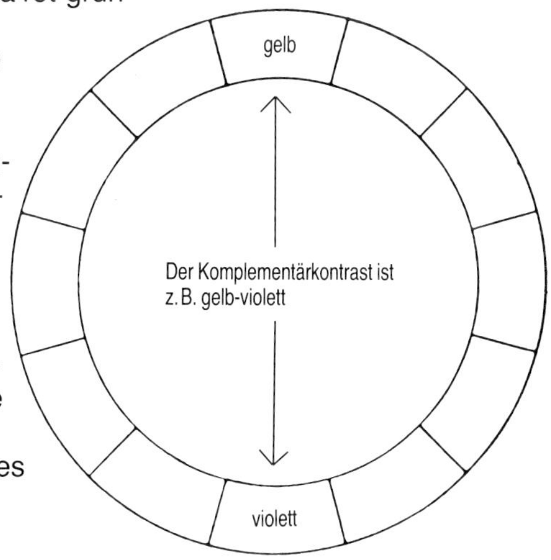

Dreiklang = Farbe-an-sich-Kontrast
Der Dreiklang entsteht dadurch, daß wir eine der beiden Komplementärfarben durch zwei gleichweit von der Komplementärfarbe entfernte Farben ersetzen.

Dadurch erhalten wir als Beziehungsfigur ein gleichschenkliges bzw. gleichseitiges Dreieck.

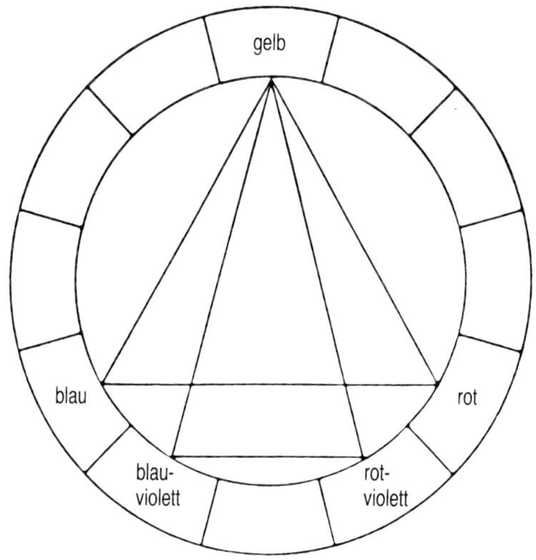

Farbharmonie
Vierklang

Beziehungsfigur
Quadrat
oder
Rechteck

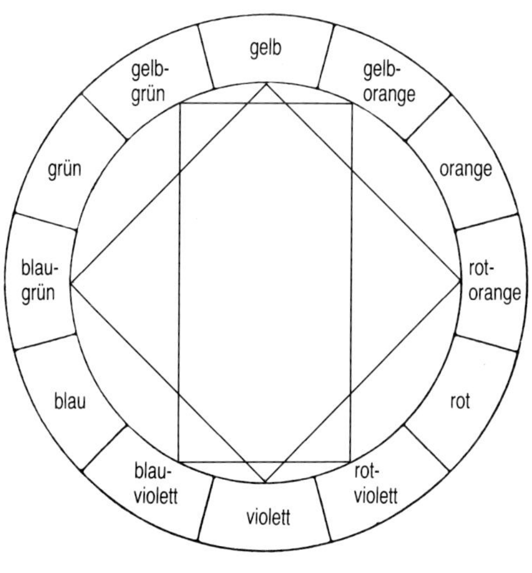

Harmonie der kleinen Abstände
Nachbarschaftsfarben

z.B.

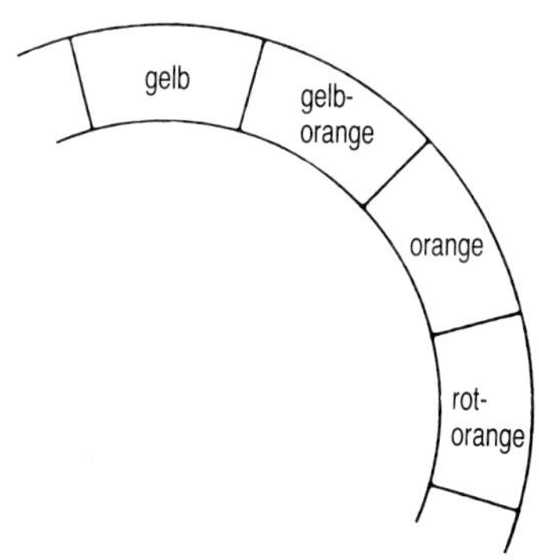

Anwendungsbeispiele:
Schaufenstergestaltung
Gesteck
Brautstrauß
usw.

Farbharmonien

Harmonie geringer Abstände

Gleichklang –
Variierende Einfarbigkeit

Wir entwickeln den Farbstern:
Reine Farben (Farbkreis) lassen sich durch Mischen mit Weiß oder Schwarz trüben.

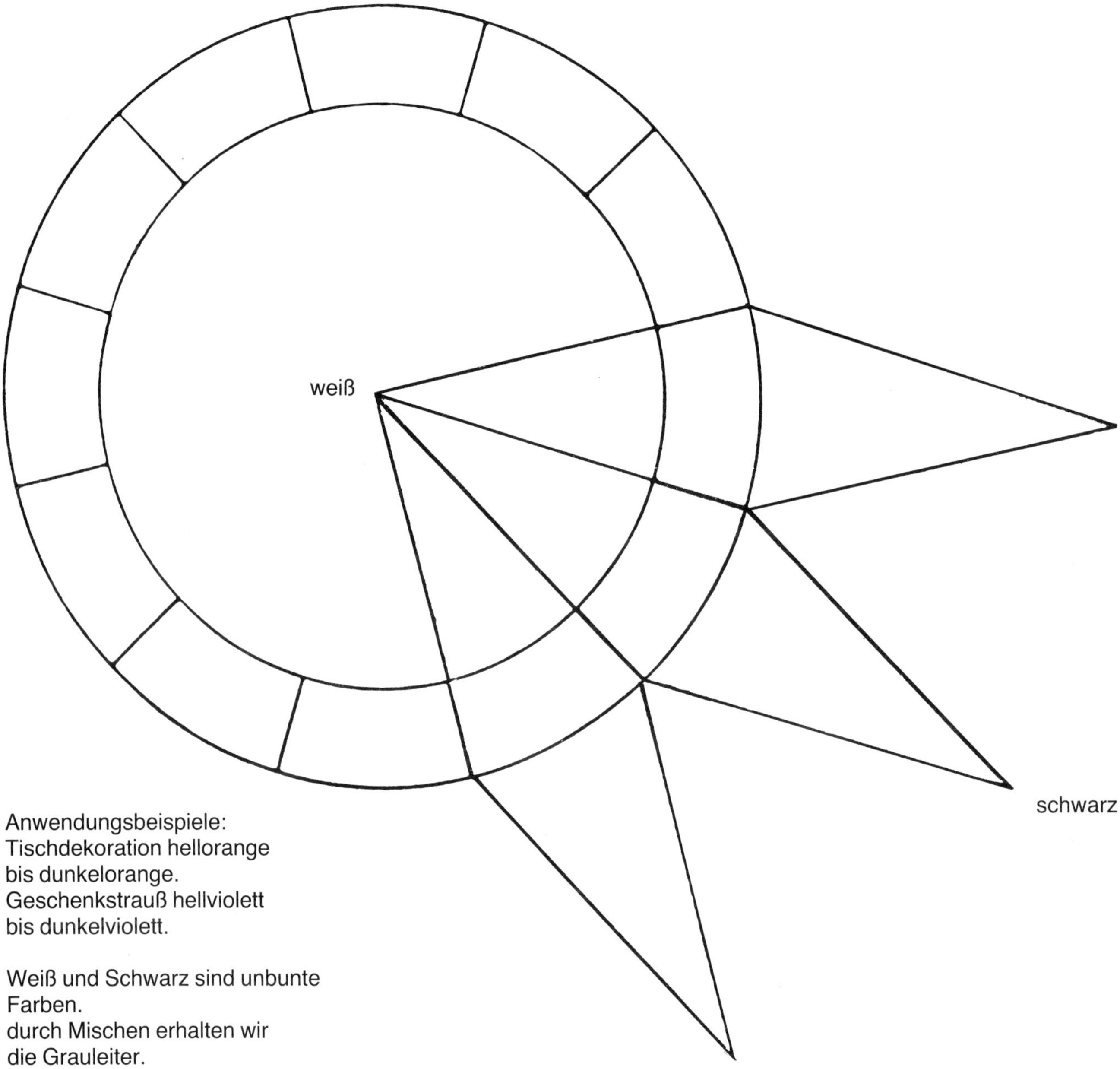

Anwendungsbeispiele:
Tischdekoration hellorange bis dunkelorange.
Geschenkstrauß hellviolett bis dunkelviolett.

Weiß und Schwarz sind unbunte Farben.
durch Mischen erhalten wir die Grauleiter.

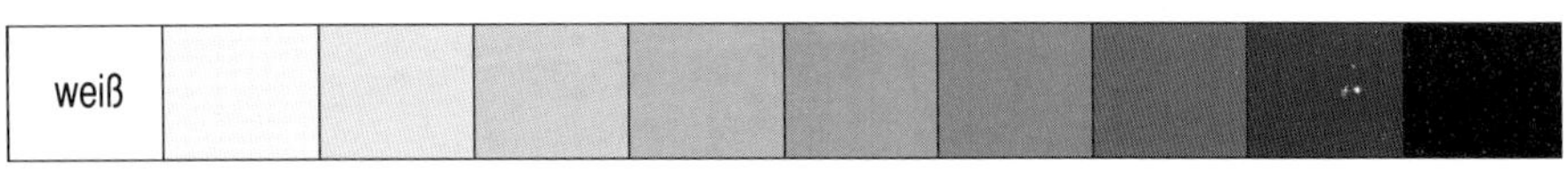

Die Werkstücke

25 Der Brautstrauß

Aufgelockerte Tropfenform duftig gearbeitet. Verwendet wurden Gladiolenblüten, Wicken in verschiedenen Farbtönen, Exacum, Campanula, Efeu, Adiantum und andere Farne.

Lang abfließender und modischer Brautstrauß des Jahres 1989. Neben verschiedenen Blättern und Ranken aus dem Grün und Grün-Rot-Bereich wurden Blüten aus der Rosa- und Violett-Skala harmonisch zusammengestellt. Ein kleiner orangefarbener Akzent steigert die farbliche Wirkung. Zierdrähte, Wolle und kleine Perlen ergänzen nicht nur die Farbzusammenstellung, sondern sind auch Ausdruck unserer Zeit.
Dieser Brautstrauß wurde von einer Meisterschülerin in Grünberg gefertigt.

Der Brautstrauß hat in erster Linie die Aufgabe, die Braut zu schmücken und das Brautkleid zu unterstreichen. Dabei sollen der Brauttyp, ihre Größe, das Alter, die Haarfarbe, das Brautkleid und dessen Farbe beachtet werden.

Die Größe des Brautstraußes muß in einem angemessenen Verhältnis zur Größe der Braut stehen. Bei der Herstellung eines Brautstraußes soll der Florist handwerklich exakt und solide vorgehen. Dabei ist es unerheblich, ob mit natürlichen Stielen gearbeitet, gedrahtet, gesteckt oder geklebt wird. Jede Technik muß sinnvoll angewendet werden. Kriterien wie gute Tragbarkeit, angemessene Leichtigkeit und entsprechende Haltbarkeit sind Voraussetzung für eine fachlich fundierte Arbeit.

Wir kennen sehr viele Gestaltungsmöglichkeiten in der Brautstraußfloristik, die bekanntesten sind in den nachfolgenden Zeichnungen und Abbildungen zu sehen.

Die Regel, nach der ein Brautstrauß so gestaltet wird, daß ca. 1/3 des Straußes über der Hand und ca. 2/3 unter der Hand enden, trifft heute nur noch für einen Teil der Sträuße zu.

In den letzten Jahren haben sich einige neue Formen und Straußarten zu den bekannten hinzugesellt. Genannt werden sollen hier der Struktur- und der lang abfließende Wickelbrautstrauß. Der Strukturbrautstrauß stellt sicher eine Weiterentwicklung des Biedermeierstraußes dar, während der lang abfließende Strauß seinen Ursprung in der Jugendstilzeit hat.

Dekorativ-asymmetrisch gestalteter Brautstrauß

In der nachfolgenden Aufstellung wird die Wirkung der verschiedenen Brautstraußtypen aufgezeigt. Dieses geschieht in dem Bewußtsein, daß eine solche Aufstellung subjektiv ist und auch anders empfunden werden kann.

- *Die Tropfenform*
  wirkt geschlossen, ruhig, streng und feierlich.
- *Die aufgelockerte Tropfenform*
  wirkt festlich, graziös, zierlich, jugendlich und leicht aufgelockert.
- *Der Biedermeier-Brautstrauß*
  wirkt klar, freundlich, duftig und jugendlich.
- *Der amerikanische Brautstrauß*
  wirkt damenhaft, modisch, ruhig und zurückhaltend.
- *Die Glamelie*
  wirkt klar, streng, festlich, elegant, kompakt und reizvoll.
- *Die Bogenform*
  wirkt klar, streng, blumig, modisch elegant und dekorativ.
- *Der Wasserfall*
  wirkt fließend, repräsentativ, dekorativ und klassisch.
- *Der vegetative Brautstrauß*
  wirkt natürlich, wie gewachsen und auch idealisiert.
- *Der experimentelle Brautstrauß*
  kann völlig unterschiedliche Wirkungen zeigen und deshalb von daher nicht festgelegt werden.
- *Der Strukturbrautstrauß*
  wirkt füllig, blumig, kompakt, interessant und modern.
- *Der formal-lineare Brautstrauß*
  wirkt spannungsreich, individuell und extravagant.
- *Der rundgebundene Brautstrauß*
  wirkt dekorativ, üppig, füllig, repräsentativ und aufgelockert.

Die aufgezählten Brautstraußformen und -arten können durch weitere ergänzt werden. Das gleiche gilt für die Wirkungen.

Dekorativer Strukturbrautstrauß mit abfließenden Linien.

Brautstraußformen

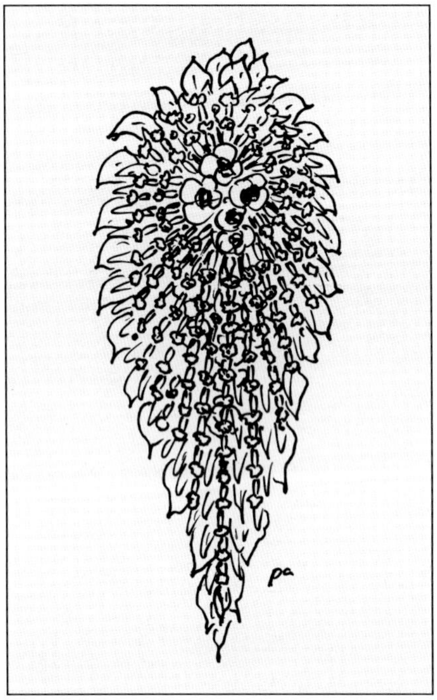

Tropfenform

Aufgelockerte Tropfenform

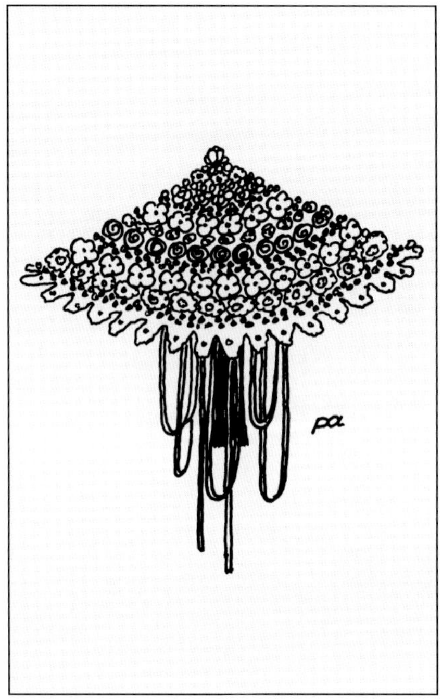

Biedermeier-Brautstrauß

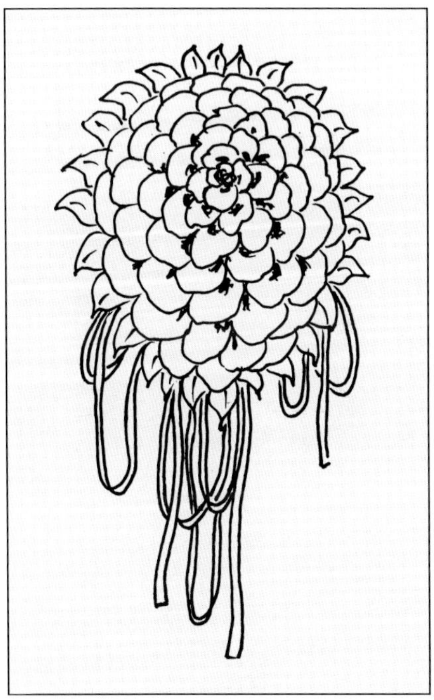

Amerikanischer Brautstrauß

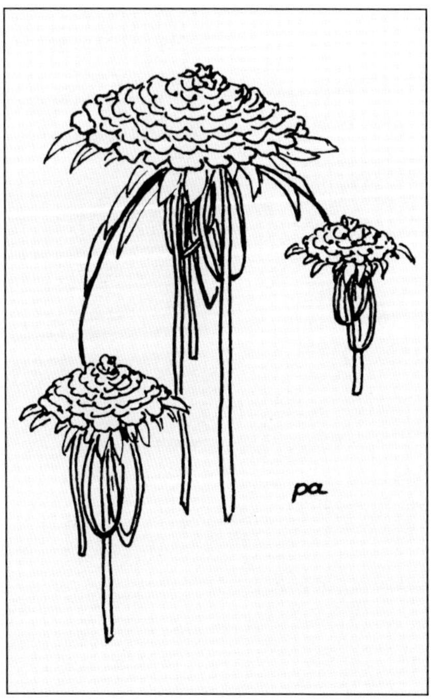

Glamelie

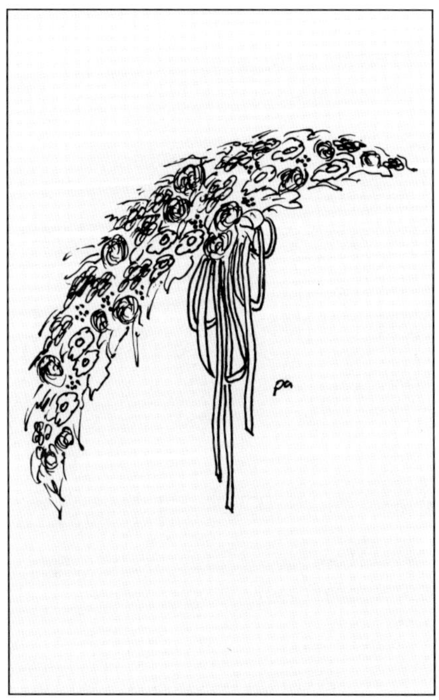

Bogenform

Wasserfall

Vegetativer Brautstrauß

Experimenteller Brautstrauß

Struktur-Brautstrauß

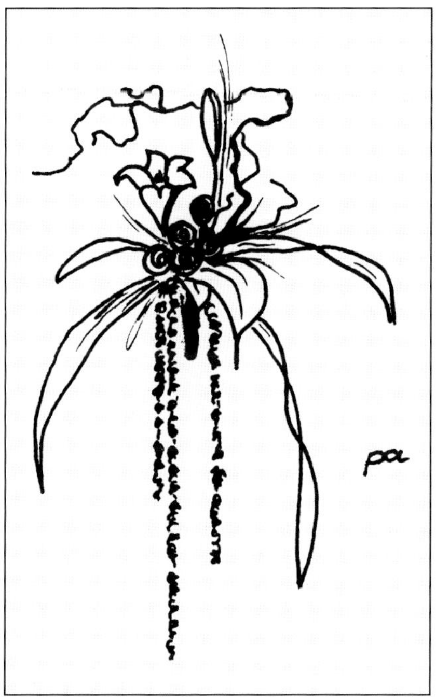

Formal-linearer Brautstrauß

Rundgebundener Brautstrauß

Zeichnungen, die während eines Seminars in Frankreich entstanden sind.

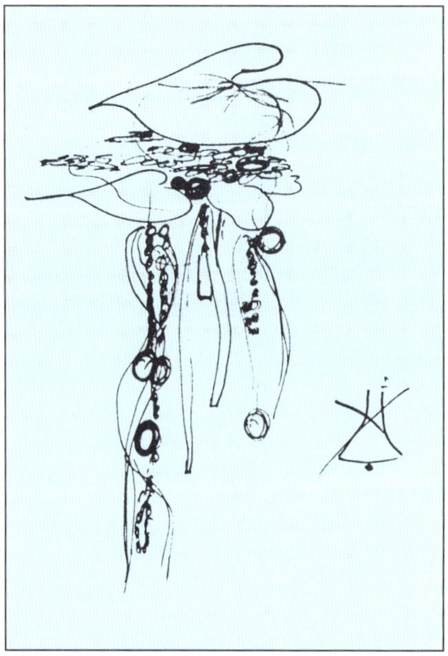

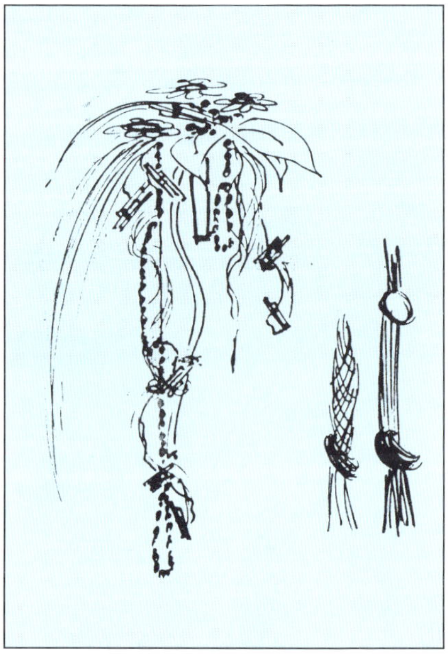

unten:
Modische Brautsträuße, in denen neben den Werkstoffen auch Wolle, Zierdraht und andere Materialien verwendet wurden.

Dekorative Strukturbrautsträuße

Die Wirkung des Brautstraußes wird durch einige dynamische Linien gesteigert.

Künstliche Perlen, Kordeln, Federn und andere Materialien ergänzen den Schmuckwert des Brautstraußes.

Neben Blüten, Blättern und Früchten wurden Glaskugeln, Wolle und Zierdraht verwendet.

Bei diesem Strauß treten nicht die Strukturen der einzelnen Werkstoffe in den Vordergrund, sondern die Summierung insgesamt.

Modisch extravagante Brautsträuße, die in der Sonderschau „Floristen gestalten mit Blumen" im Rahmen der Bundesgartenschau 1987 in Düsseldorf ausgestellt wurden. Beide Brautsträuße zeigen eine stark abfließende Linienführung.

Vorwiegend durch Wickelungen mit Wolle, Zierdraht und anderen Materialien wurde diesem Brautstrauß die Farbe gegeben.

Bei diesem Brautstrauß konkurrieren die Blüten spannungsreich mit den anderen Werkstoffen und Materialien.

Übungsarbeiten von Lehrgangsteilnehmern in Frankreich.

◆◆ *Dieser Brautstrauß in Glamelienform ist mit Peperomienblättern, Petersilie und roten Glasperlen gestaltet. Die Technik des Andrahtens muß bei einer solchen Arbeit vollkommen beherrscht werden.*

◆ *In diesem Strukturbrautstrauß ist die weiße Zierkordel nicht nur als abfließende Bewegung eingesetzt, sie zieht sich auch durch den Blüten- und Blattkörper und stellt somit eine fast organische Beziehung zwischen Werkstoff und Material her.*

◆◆ *Die Wirkung in diesem Brautstrauß wird in erster Linie durch die gegensätzlichen Strukturen und Farben (Komplementärkontrast) erreicht.*

◆ *Gewagt, aber auch reizvoll, ist die Farbzusammenstellung mit Rosa und Orange. Die Farbmenge und Farbverteilung ist hierbei besonders zu beachten.*

Diese vier dekorativ-asymmetrischen Brautsträuße sind vorwiegend mit heimischen Werkstoffen gestaltet. Solche Brautsträuße sind vor allem für naturverbundene Bräute angebracht, allerdings spielen auch das Kleid (zum Beispiel Trachtenkleid) und das Milieu (ländlich, bäuerlich), in dem die Hochzeit stattfindet, eine wesentliche Rolle für die richtige Wahl des Straußes.

Brautsträuße, die bei einem Seminar in Österreich entstanden.

Nachfolgende Abbildungen zeigen Brautsträuße, die für die extravagante Braut zu empfehlen sind. Dabei sind natürlich das Temperament, Vorlieben (zum Beispiel exotische Blumen) und andere Gegebenheiten zu berücksichtigen. Die auf dieser Seite links gezeigten Brautsträuße passen allerdings auch zu dem eleganten bis kühl wirkenden Brauttyp.

Brautsträuße, die bei einem Seminar in Österreich entstanden sind.

Die ausgewählte Technik muß für die jeweilige Arbeit sinnvoll sein

Brautstraußtechniken und Hilfsmittel.

1. Natürliche Stiele werden ohne Stützdraht oder weitere Hilfsmittel quirlförmig zusammengefügt und mit Natur- oder Kunstbast zusammengebunden. Die Stiele werden dann mit Band umwickelt.
Vorteil: Blüten und Blätter können gut mit Wasser versorgt werden.
Nachteil: Der Brautstraußgriff wird oft zu dick.

2. Durch Stützdraht werden natürliche Stiele geschient oder gestützt. Der Draht wird in den Stiel geführt oder außen am Stiel angelegt und mit Abwickelband (Kautschuk) abgewickelt. Wird außen am Stiel gestützt, so soll der Draht nur einige Zentimeter oberhalb der Knickstelle enden. Dadurch wird vermieden, daß der gesamte Stiel mit Kautschuk abgewickelt werden muß.
Vorteil: Gute Biegemöglichkeit der Stiele und gute Wasserversorgung der Werkstoffe.
Nachteil: Der Brautstraußgriff wird oft zu dick.

3. Alle Werkstoffe werden so abgeschnitten, daß alle natürlichen Stiele möglichst genau im Basispunkt enden (Ausnahme Parallelbrautstrauß). Die Schnittstellen der Stiele werden mit nasser Watte umlegt und so angedrahtet, daß möglichst wenig Wasser aus der Watte gedrückt wird. Die Watte und der Draht werden mit Kautschukband abgewickelt. Die zusammengefaßten Stiele bilden den Brautstraußgriff.
Vorteil: Die Basis kann sehr klein gehalten und exakt durchgestaltet werden. Der Brautstraußgriff wird nicht zu dick. Bei richtiger Drahtstärke wird der Brautstrauß nicht zu schwer.
Nachteil: Die Wasserversorgung ist nur bedingt gewährleistet. (Um die Haltbarkeit zu verlängern, ist, je nach Werkstoffart, Ansprühen mit Wasser möglich, das Abdecken mit Folie ratsam, oder der Strauß muß so ins Wasser gelegt werden, daß die Basis unter der Wasseroberfläche zu liegen kommt).

4. Die natürlichen Stiele werden entfernt und durch Draht, der je nach Gewicht der Blüten gewählt wird, ersetzt. Teilweise werden diese Drähte um einen stärkeren Draht gewickelt, um Blüten oder Blattranken entstehen zu lassen. Alle Drähte werden mit Kautschukband umwickelt.
Vorteil: Gute Gestaltungsmöglichkeiten (jeder Pflanzenteil kann in die gewünschte Stellung gebogen werden).
Nachteil: Schwierige Wasserversorgung. Die Drähte müssen auch auf der Unterseite des Straußes mit großem Aufwand durch Blätter oder Band abgedeckt werden.

5. Mit Sphagnum oder Wassermoos, das gut naß sein soll, wird ein Basispunkt erstellt. In diese Moosbasis werden die, auf die passende Länge abgeschnittenen Stiele gesteckt. Je nach Länge des Stieles muß dieser zusätzlich angedrahtet sein und in der Basis verankert werden. Der Brautstraußgriff ergibt sich in der Regel durch die verwendeten Drähte.
Vorteil: Es brauchen nur wenige Hilfsmittel eingesetzt zu werden. Die Basis besteht vorwiegend aus natürlichem Werkstoff. Mit dieser Technik spart der Florist Zeit ein.
Nachteil: Es kann nur eine begrenzte Zahl von Werkstoffen verwendet werden, da sonst die Moosbasis zu dick und schwer wird.

6. Ein synthetischer Brautstraußhalter wird als Steckbasis benutzt. Die Steckmasse muß vor der Verarbeitung im Wasser gelegen haben, um durch und durch feucht zu sein. Die Blumen und Blattstiele können in entsprechender Länge direkt in die Steckmasse gesteckt werden. Lange Stiele müssen zusätzlich angedrahtet und im Brautstraußhalter verankert werden.
Vorteil: Schnelle Verarbeitung und gute Wasserversorgung der Werkstoffe.
Nachteil: Je nach Gestaltungsart zu große Basis; der Kunststoffstiel ist besonders unnatürlich.

7. Blüten und Blätter werden ohne Stiel mit Kaltkleber (auf keinen Fall Heißkleber verwenden) auf eine vorgefertigte Unterlage aus Pappkarton oder ähnlichem Material geklebt. Der Kaltkleber kann aber auch in Verbindung mit den anderen, vorgenannten Techniken eingesetzt werden, zum Beispiel beim Anbringen der letzten Blätter auf der Brautstraußunterseite.
Vorteil: Schnelle und saubere Verarbeitung und geringes Straußgewicht.
Nachteil: Schlechte Wasserversorgung. Vorwiegend nur durch Ansprühen möglich.

Werkstoffe, die besonders viel Wasser benötigen, sollten grundsätzlich mit Reagenzgläschen verarbeitet werden. Diese können gegebenenfalls farblich verändert, als zusätzliches gestalterisches Element dienen.

26 Der Kopfschmuck

Der Kopfschmuck ist schon vom Altertum her bekannt. Allerdings sollte er damals nicht nur schmücken, sondern hatte auch andere Aufgaben, zum Beispiel Kühlung der Stirn oder Ehrung des Trägers.

In unserer Zeit hat der Kopfschmuck schmückende Funktion. Der Florist muß den Anlaß kennen, zu welchem ein solcher Schmuck getragen werden soll. Er muß weiter den Typ, die Frisur, Haarfarbe, Kleidfarbe usw. kennen, um eine passende Arbeit anfertigen zu können. Bei der Braut kommt die Abstimmung zwischen Kopfschmuck und Brautstrauß hinzu.

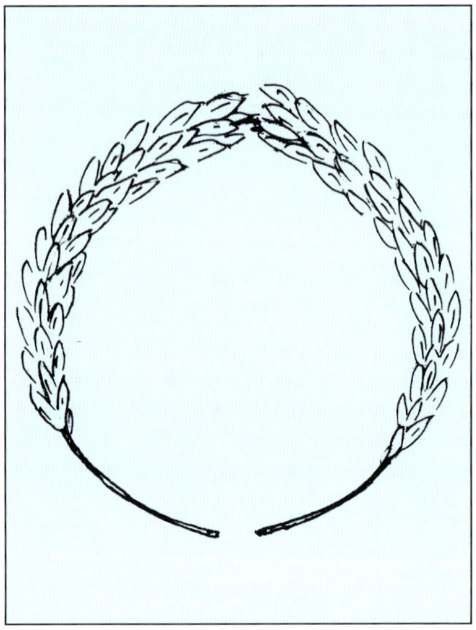

Kranz mit offenem Ring. Siegerkranz.

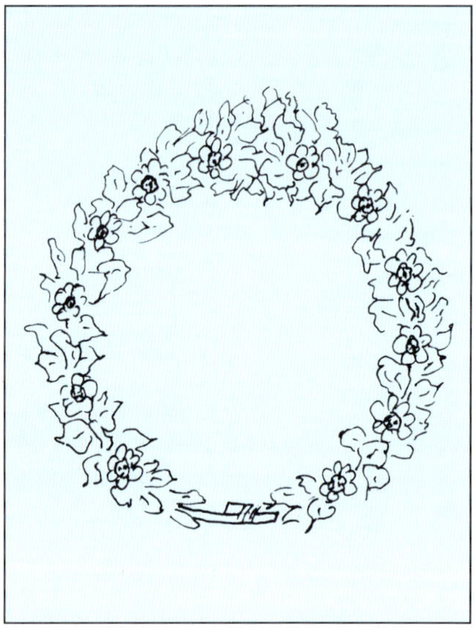

Kranz mit geschlossenem Ring aus Blüten, Blättern und Zweigen; ca. 3. Jh. v. Chr.

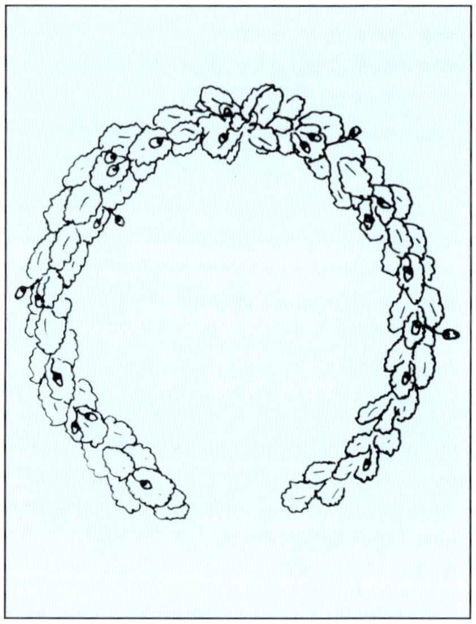

Römische Bürgerkrone, aus Eichenlaub gebunden

Kopfschmuck nach Radierungen deutscher Meister der Spätgotik.

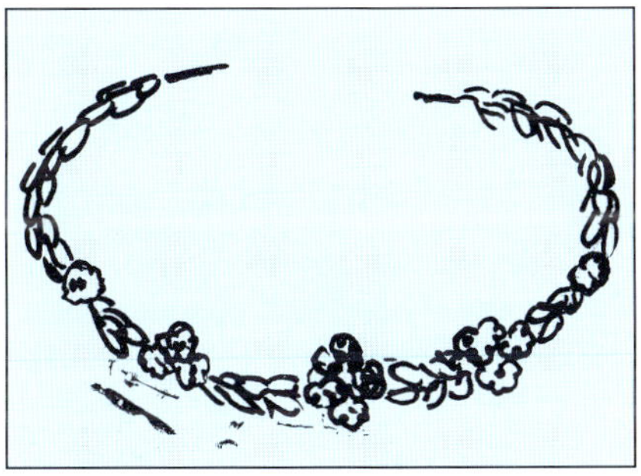

Schlichter Myrtenkranz (Reif) mit Myrtenblüten, symmetrisch gearbeitet

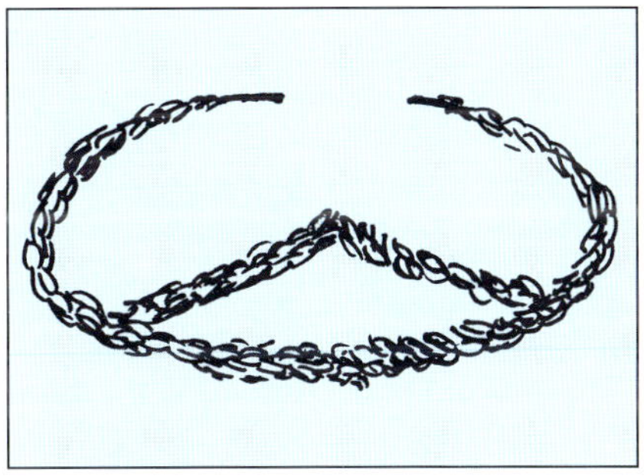

Myrtendiadem, symmetrisch gearbeitet

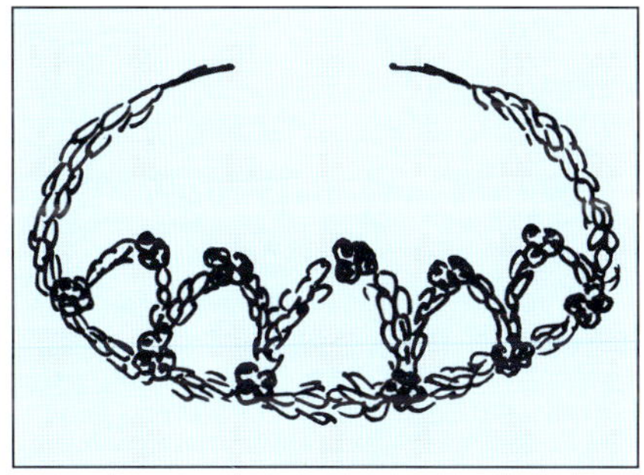

Myrtenkrone mit Blüten, symmetrisch gearbeitet

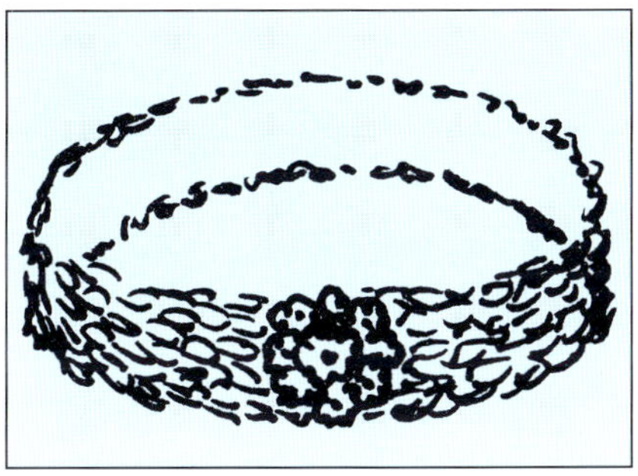

Myrtenring mit Blüten, symmetrisch gearbeitet

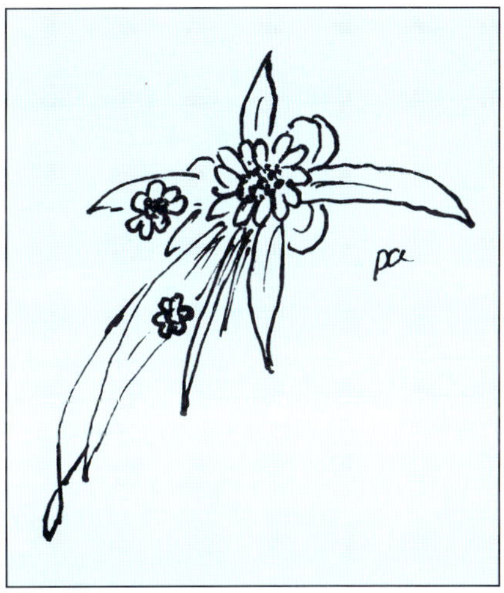

Asymmetrischer Kopfschmuck aus Blüten und Blättern

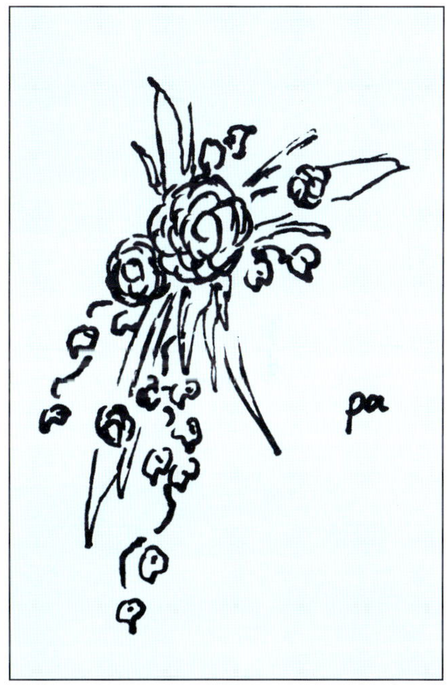

Asymmetrischer Kopfschmuck aus Blüten und Blättern

Modischer symmetrischer Kopfschmuck, in dem neben Blättern und Blüten auch künstlicher Perlenschmuck angeordnet wurde

Kopfschmuck, passend zu dem Strukturbrautstrauß auf Seite 139 links oben. Die Werkstoffe für den Kopfschmuck wurden alle mit Kaltkleber auf eine Pappkartonunterlage geklebt.

Modischer Kopfschmuck aus vielen verschiedenen Materialien und Werkstoffen.

Verspielt modischer Schmuck

Kopfschmuck zu langen Haaren, der auf dem Hinterkopf getragen wird.

Interpretation eines klassischen Kopfschmucks.

Straußtypen und Formen

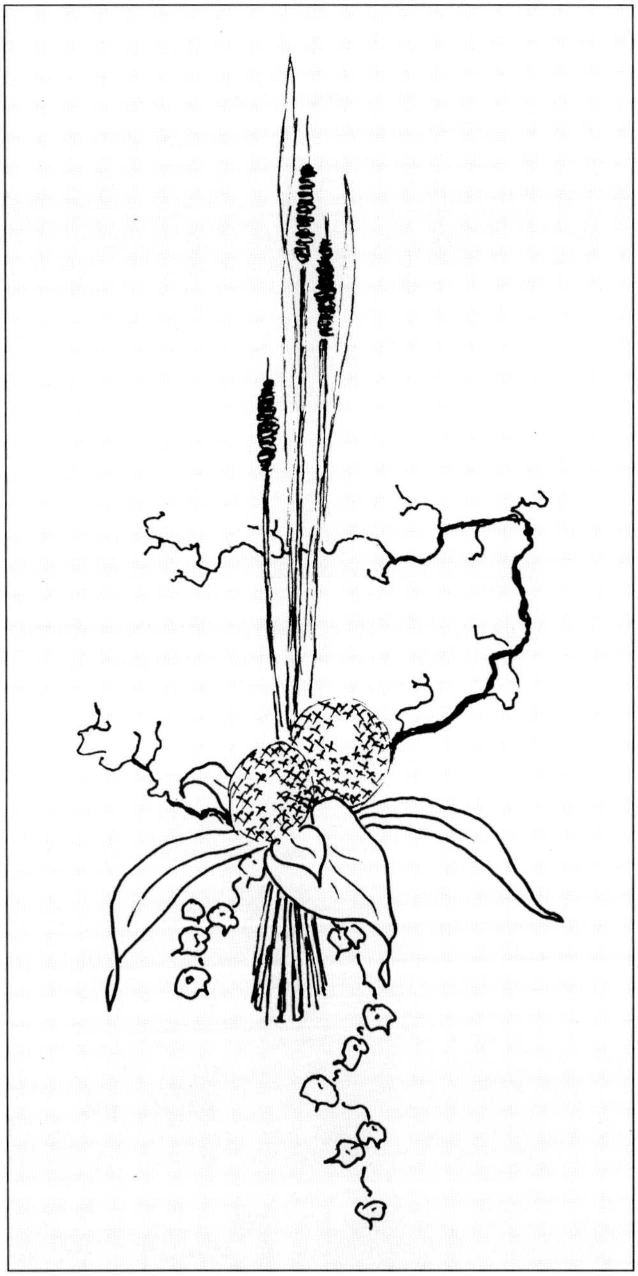

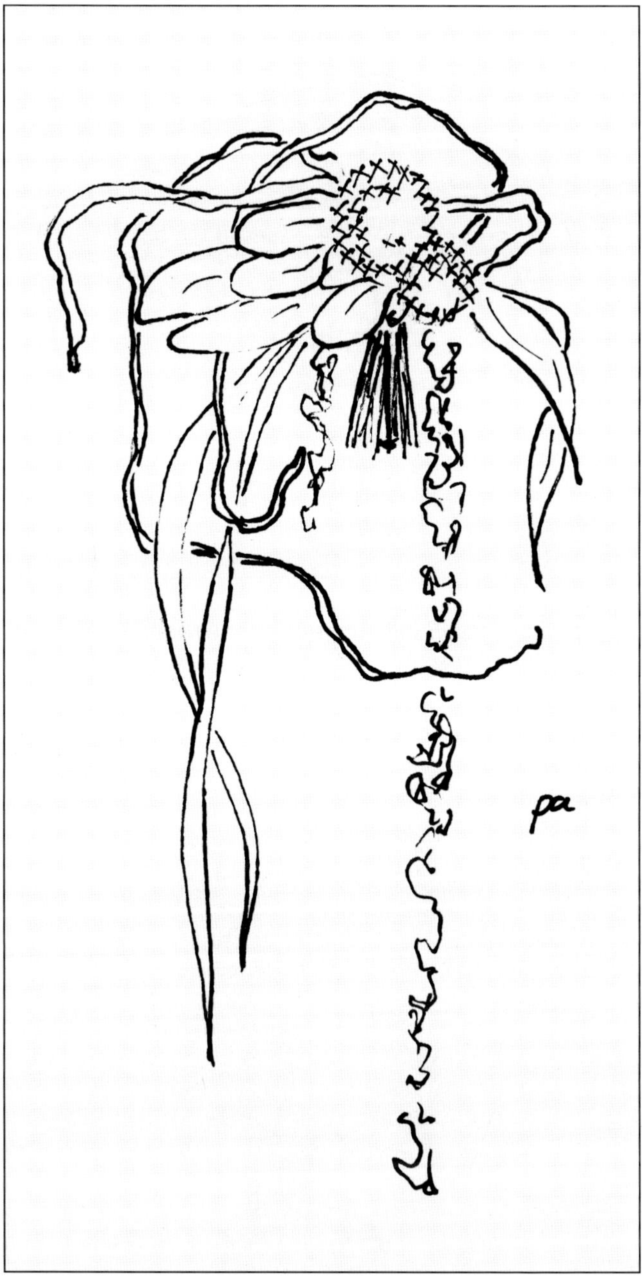

Der formal-lineare Strauß wird in der Regel asymmetrisch gestaltet. Wenige verschiedene Werkstoffe werden kontrastreich und spannungsvoll zueinander geordnet. Die Linien und Formen stehen im Vordergrund.

Formal-linearer Strauß, in dem die Linien abfließend angeordnet sind. Die Formen werden in dieser Straußart als statisches, die Linien als dynamisches Element eingesetzt.

Dekorativer Strauß

Durch die Streuung der Farben entsteht die dekorative Wirkung. Die Symmetrie wird insgesamt wieder erreicht, obwohl keine strenge Gruppierung vorhanden ist. Das quirlförmige Anlegen der Stiele ist sowohl für die Gestaltung als auch für eine solide Technik unumgänglich. Blumen großer Geltung dürfen in solchen Sträußen nicht verwendet werden, da sie in ihrer Wirkung stark gemindert würden.

Dekorativer und modisch dekorativer Strauß

Dekorativer Strauß

Auch dieser Strauß zeigt eine Streuung der Farben. Die Blumen sind allerdings gegenüber dem Strauß auf Seite 155 stärker in Höhen und Tiefen gegliedert.

Modischer dekorativer Strauß

In ihm sind neben weißen Rosen, Freesien und Schleierkraut auch weiße Federn verarbeitet. Verschiedene schlichte Grünarten stellen eine gute Verbindung zum Gefäß und zur Stellfläche her. Solche Sträuße wurden 1988 auch als „Trendstrauß" bezeichnet.

Dekorativ gruppierter und gestaffelter Strauß

Hierbei sind die Farben gewagt zusammengestellt. Durch große Freiräume, das Mengenverhältnis und die Verteilung der Farben wurde eine spannungsreiche Harmonie geschaffen. Kontraste in den Blütenformen steigern die Gesamtwirkung. Formen großer Geltung, wie die der Lilien, sind den Formen geringerer Geltung übergeordnet. Die dunkleren Farben sind mehr im Basisbereich und die helleren Farben weiter außen bzw. oben angeordnet.

Dekorativer Strukturstrauß

Struktursträuße sind oft sehr kompakt gestaltet. Die Auswahl von Werkstoffen für den eigentlichen Straußkörper muß mit Bedacht vorgenommen werden. Nur sich einordnende Blüten sollten ausgewählt werden. Wenige dynamische Linien, die raumgreifend einbezogen werden, können den Strukturstrauß in seiner Wirkung steigern. Man unterscheidet bei Struktursträußen zwischen kompakt statischen, bei denen evtl. verwendete Linien von Ranken, Gräsern usw. wieder in den Straußkörper zurückgeführt werden, und kompakt dynamischen Sträußen, wie oben schon angesprochen.

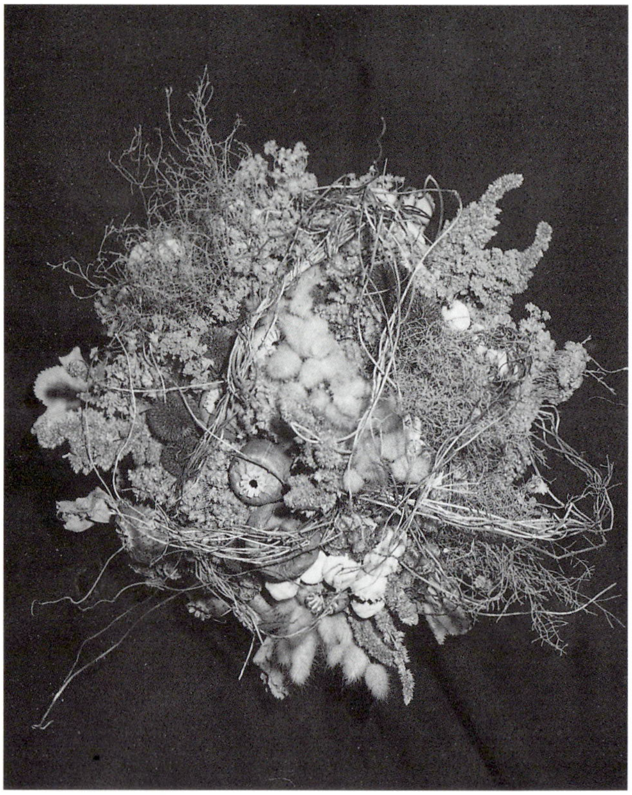

Parallel objekthaft gestalteter Strauß

Die Stiele werden bei dieser Straußart parallel aneinandergelegt. Dieses kann von der waagerechten Stellung bis hin zur Senkrechten geschehen. In der abgebildeten Arbeit stehen keine Blüten im Vordergrund, sondern frische grüne und andere getrocknete Werkstoffe. Die roten Cornusstiele stehen in reizvollem Kontrast zu den grünen Stielen des Schachtelhalm.

Parallel-horizontal

Die Parallelität bezieht sich in beiden Sträußen auf die schwarz lackierten Bambusstäbe. Diese sind stellenweise mit Zierdraht, Wolle, Garn oder Kordel umwickelt. Die Wickelungen sollen gruppiert auf den Bambusbündeln angebracht werden. Frische Werkstoffe müssen so verarbeitet werden, daß alle Stiele gut mit Wasser versorgt sind. Um die Wirkung der Horizontalität zu steigern, werden solche Sträuße flach und länglich ausgearbeitet. Anspruchsvolle Blüten und Blätter kommen in dieser Anordnung hervorragend zur Geltung.

28 Das Gesteck

Aus dem Wunsch heraus, in flachen Schalen Blumen zu arrangieren, hat sich das Gesteck entwickelt. Fernöstliche Kulturen haben schon vor Jahrhunderten raffinierte Techniken entwickelt, um Blumen stecken zu können. In südeuropäischen und nordafrikanischen Ländern ist es teilweise noch heute üblich, Blumen nicht zu stecken, sondern einfach ohne Wasserversorgung auf den Tisch zu legen oder in eine Vase mit Wasser zu stellen.
Bei uns wurde im letzten Jahrhundert die Moosbasis entwickelt, ohne die noch um 1960 ein Gesteck nicht gestaltet werden konnte. Erst durch die Einführung synthetischer Steckmasse wurde das Anfertigen von Gestecken sehr rationell. Bei dekorativen und formal-linearen Gestecken ist es sinnvoll, die Steckmasse ca. 3 bis 5 cm über den Schalenrand herausragen zu lassen. Dies hat den Vorteil, daß bei Arbeiten mit gemeinsamem „Wuchspunkt" die Werkstoffe auch von der Seite in die Steckmasse gesteckt werden können. Das gleiche gilt auch für die idealisiert vegetative Form.
Bei parallelen und vegetativen Arbeiten mit imaginärem Wachstumspunkt ist es oft vorteilhaft, die Steckmasse unterhalb des Gefäßrandes enden zu lassen.
Durch die technischen Hilfsmittel, wie Steckmasse, Klebeband, Steckmassenhalter usw., ist es relativ einfach, die gewünschte Gestaltungsart herzustellen.

Zur Zeit findet allerdings auch wieder eine Rückbesinnung auf alte Techniken, wie die Verwendung von Moospolstern, Befestigung mit Hilfe von Steinen oder Verkeilen von Aststücken statt.
Natürlich sind die Kenntnisse aller Gestaltungskriterien Voraussetzung, um eine gestalterisch fundierte Arbeit zu fertigen.
Im Anschluß an dieses Kapitel sind die technischen und gestalterischen Kriterien zusammengefaßt.

Dekorativ-asymmetrisches Gesteck, in dem die Geltungsformen noch weitgehend Berücksichtigung finden.

Dekorativ-asymmetrische Trendgestecke 1987/88

links:
Vorwiegend abfließende Werkstoffe und Materialien wurden in diesem flachen Gefäß verwendet.

rechts:
Aus einer strukturhaft gestalteten Basis schwingen fast jugendstilhaft Blätter, Federn und Asparagus in den Raum. Das Band stellt eine farbliche Verbindung der Basisblätter zum Gefäß her.

unten:
Getrocknete und frische Werkstoffe sind reizvoll zu einer, aus der Schale quellenden Arbeit zusammengefaßt. Leichte und aufgerissene Formen sind den sammelnden Formen übergeordnet.

Vegetativ-asymmetrisches Gesteck

Die Werkstoffe wurden aus dem gleichen Milieubereich zusammengestellt. Auch pflanzensoziologische Kriterien wurden weitestgehend berücksichtigt. Klar erkennbar sind die Haupt- und Gegengruppe, während die Nebengruppe nur angedeutet ist.

Formal-lineare Gestecke

Arbeiten einer Seminarteilnehmerin in Tokyo, Japan.

oben links:
Variationen zwischen formal-linearer und struktureller Gestaltung.

oben und unten rechts:
Formal-lineare Gestecke.

Parallel-vegetative Gestecke

Dieses Gesteck ist von der Anordnung der Bewegungen her vegetativ, aber nicht vom pflanzensoziologischen Gesichtspunkt

Oncidien, aus zwei Basisbereichen heraus angeordnet. Die ausschwingenden Rispen überkreuzen sich und erzeugen ein flimmerndes Blütenbild.

links: Narzissen und Erlenzweige vermitteln einen frühlingshaften Ausdruck.

Weiße Nerinen in Verbindung mit Farn, Moos und Steinen.

Gefäßbepflanzung für den Außenbereich

Ein rostiges Metallgefäß nimmt die Werkstoffe, farblich gut abgestimmt, auf. Von rostbraun über braun, gelb, gelbgrün bis grün sind die Farben in der Harmonie kleinerer Abstände vertreten.

Als Solitärpflanzen überragen die beiden Ahorn alle anderen Pflanzen. Gemeinschaftsformen bilden die Bodengestaltung, die durch Höhen und Tiefen zusätzlich Spannung erzeugt. Der Sandsteintrog liegt auf der Seite und gibt somit den Pflanzen die Möglichkeit, seitlich herauszuwachsen.

Hochkantstehendes Sandsteingefäß, teilweise ausgehöhlt und von zwei Seiten bepflanzt. Steinbrech und Hauswurz durchziehen diese Pflanzsäule. Die Arbeit nimmt sicher eine herausragende Stellung im Bereich der Pflanzarbeiten ein.

Acrylglasgefäß, in dem kontrastreich ein schwarzbraunes Wurzelstück angeordnet wurde. Die Bepflanzung zeigt eine reizvolle Kombination verschiedenster fleischfressender Pflanzen. Alle hier verwendeten Werkstoffe benötigen eine hohe Boden- und Luftfeuchtigkeit.

Alle bei dieser Gefäßbepflanzung zusammengestellten Pflanzen können einem Soziologiebereich zugeordnet werden. Das teilweise rostige Metallgefäß ordnet sich den Pflanzen harmonisch unter. Diese gestalterische Arbeit setzt neben großer Pflanzenkenntnis auch viel Einfühlungsvermögen im Umgang mit Farben voraus.

Einem Milieu sind die Pflanzen zuzuordnen, die auf diesem Stein gepflanzt sind. Diese Arbeit stellt sicher einen besonderen Schmuck auf einer Terrasse oder in einem Garten dar.

Die drei gezeigten Arbeiten wurden im Rahmen der Meisterprüfung Grünberg 1988 gefertigt.

Gefäßbepflanzung für den Innenbereich

Pflanzarbeiten, die im Rahmen einer Meisterprüfung gestaltet wurden.

Kupferschale, von einem Meisterschüler konstruiert. Bepflanzt mit verschiedenen Sukkulenten, teils aufstrebend, teils abfließend gewachsen. Die ausgesuchten Pflanzen besitzen alle die gleichen Wachstumsansprüche und können somit bei richtiger Pflege dauerhaft miteinander an einem hellen Standort im Hausinneren gedeihen.

Flaches Metallgefäß, in dem mit Kakteen, Sukkulenten sowie Naturschiefer gestaltet wurde. Vorwiegend lagernde und abfließende Pflanzenformen kamen zur Anwendung.

Pflanzung für den Außenbereich

Glänzendes Kunststoffgefäß, mit verschiedenen Steinbrechgewächsen bepflanzt. Durch die flächige Anordnung der Pflanzen mit leichten Höhenunterschieden entsteht eine strukturbetonende Wirkung. Lineare Werte sind in erster Linie durch das Gefäß gegeben. Reizvoll ist auch der Helldunkel-Kontrast.

Gefäßbepflanzung für den Außenbereich

Kupferschale, teilweise mit Patina überzogen, mit Gräsern als dominierenden Pflanzen gestaltet. Bei solchen Gefäßen ist es wichtig, daß sie innen mit Folie oder einem Kunststoff versehen sind. Durch Düngesalze, Wasser usw. könnten sonst pflanzenschädliche Reaktionen durch das Kupfer hervorgerufen werden.

Steintrog mit Sumpf- und Wasserpflanzen. Fast parallel-vegetativ mit Schilf, Binsen, Froschlöffel und Wasserhyazinthen bepflanzt. Die Pflanzensoziologie wurde hier hervorragend beachtet.

Dominierend steht die Zeder über allen anderen Pflanzen. Gute farbliche Abstimmung zwischen den grün-blaugrünen Werkstoffen und dem grau-blauen Steintrog.

30 Der Kranz

Trauerkranz

Dekorativer Kranz, bei dem der Schmuckwert im Kranzkörper enthalten ist. Das Werkstück wurde 1987 in der Sonderschau „Floristen gestalten mit Blumen" im Rahmen der Buga 1987 in Düsseldorf ausgestellt.

Die Kreisform des Kranzes symbolisiert den Anfang ohne Ende. Unendlichkeit und Unsterblichkeit wird im Christentum damit verbunden. Die tragenden Werkstoffe, wie immergrüne Nadel- und Laubgehölze, unterstreichen die Symbolik des ewigen Lebens. In unserer Zeit werden aber auch andere Werkstoffe und Materialien verwendet.
Trost soll er den Hinterbliebenen spenden, und Liebe und Zuneigung dem Verstorbenen gegenüber ausdrücken.
Schon ca. 1000 v. Chr. war der Kranz nachweisbar Weihegabe für die Toten.
Dem Kunden bzw. Hinterbliebenen muß in unserer Zeit eindringlich bewußt gemacht werden, daß der Kranz ein Kulturgut darstellt. Wer auf den Kranz als Trauerspende verzichtet, sollte eigentlich auch den Wert anderer Kulturgüter, wie Musik, Theater, Kunst und vieles mehr gering achten.
Am 31. Mai 1922 wurde folgende Zeitungsanzeige von mehreren Blumengeschäftsinhabern veröffentlicht: „Nie darf man tiefes Mitgefühl, durch Blumen ausgedrückt, ablehnen". Diese Anzeige zeigt J. Olberts in seinem Buch „Bindekunst und Blumenschmuck" von 1922.

Der Kranz als Form

Der Form des Kranzes liegt immer der Kreis zugrunde. Das Kranzkörperprofil kann allerdings unterschiedlich sein.
Das Verhältnis von Kranzdurchmesser zur Kranzöffnung muß ausgewogen sein. Je nach Farbe und Verarbeitungsweise des Werkstoffes kann die Öffnung 1/3 bis 1/2 des gesamten Durchmessers betragen.

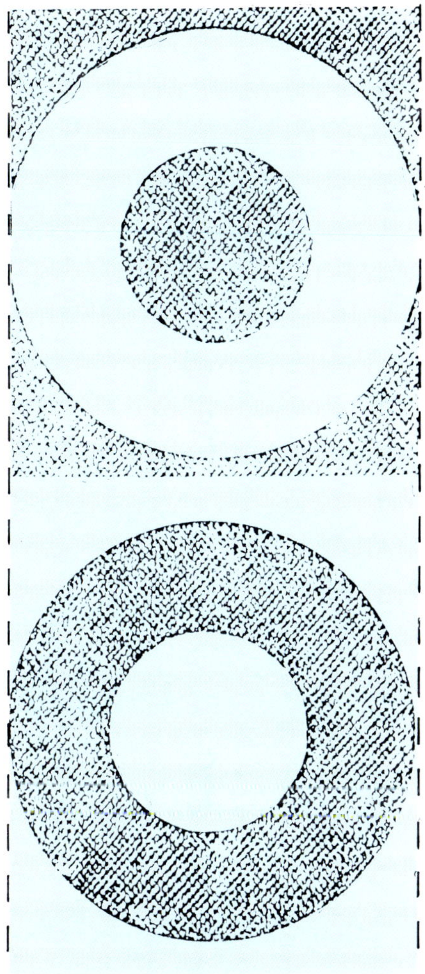

Unterschiedliche Kranzkörperwirkung bei verschiedener Helligkeit.

Ein dunkler Werkstoff, zum Beispiel dunkelrote Buchenblätter geschlossen angebracht, wirkt kleiner als ein heller Werkstoff, zum Beispiel weiße Levkojen mit weißen Pompondahlien aufgerissen verarbeitet.
Der Goldene Schnitt ist Grundlage für die richtige Proportion. Dieser ist anzuwenden, wenn der Werkstoff einen mittelhellen Farbwert besitzt und geschlossen verarbeitet wird.
Die bekannte Einteilung nach dem Goldenen Schnitt wird wie folgt angewendet:

1 Teil Kranzkörper,
1,6 Teile Kranzöffnung,
1 Teil Kranzkörper = 3,6 Teile.

Eine differenziertere Aufteilung nach dem Goldenen Schnitt zeigt folgende Darstellung:
2,5 Teile Kranzkörper
3 Teile Kranzöffnung
2,5 Teile Kranzkörper = 8 Teile.

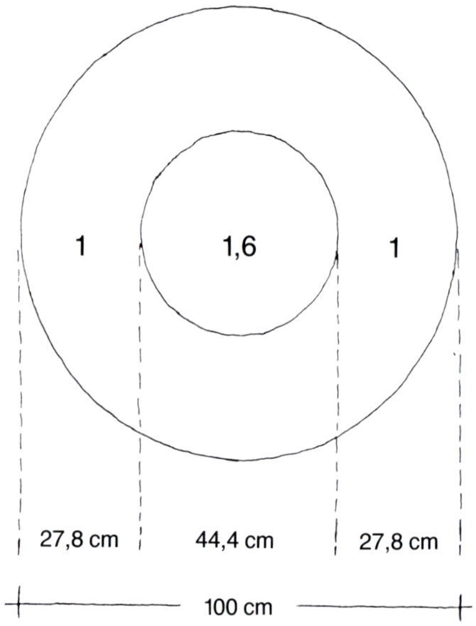

Kranzkörperprofile

Wenn die Grundlinie des Profils 8/8 beträgt, kann die Höhe des Körpers zwischen 7/12 und 5/8 variieren (Siehe Zeichnungen).
Wir sprechen beim Typ 1 auch von der dreiviertelrunden Form, beim Typ 2 von der halbrunden Form und beim Typ 3 von der Deichform.
Bei der Deichform darf der höchste Punkt nicht in der Mitte des Profils liegen, sondern seitlich versetzt nach innen. Um das richtige Verhältnis zu finden, kann auch hier der Goldene Schnitt zu Hilfe genommen werden.

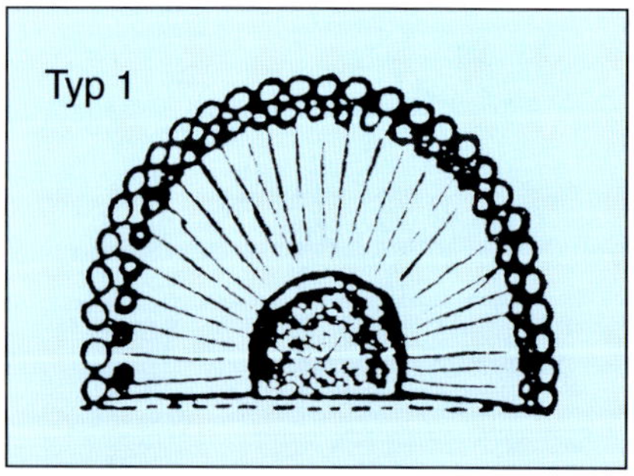

Fünfachtelprofil oder Dreiviertelprofil

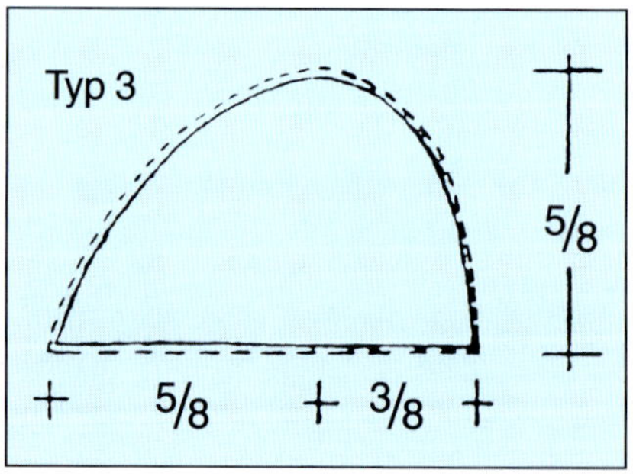

Deichprofil

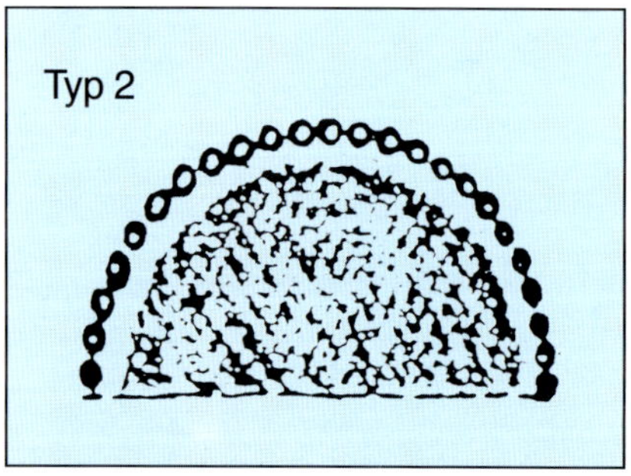

Halbrundprofil

Freigestaltetes Profil

Kranzschmuck

Grundsätzlich muß unterschieden werden zwischen dem Schmuckwert im Kranzkörper selbst, und dem, der zusätzlich zum Körper hinzukommt.
Auf keinen Fall darf die Kreisform des Kranzes durch den Schmuck gestört werden.
Soll der Schmuckwert nur im Kranzkörper liegen, so kann der Florist zwischen vier Möglichkeiten wählen:

1. Es wird nur Blattwerk und Immergrün verwendet.
2. Es werden nur Blüten verwendet.
3. Blattwerk oder Immergrün werden mit Blüten kombiniert.
4. Es werden zu den vorgenannten Werkstoffen andere Materialien verarbeitet.

Wird der Schmuck zusätzlich angebracht, so kann sich der Florist zwischen folgenden Schmuckarten entscheiden:

1. Dekorativ-symmetrischer Schmuck
2. Dekorativ-asymmetrischer Schmuck
3. Strukturschmuck
4. Vegetativer Schmuck
5. Formal-linearer Schmuck
6. Straußschmuck (in verschiedenen Gestaltungsarten möglich)
7. Gruppenschmuck (in verschiedenen Gestaltungsarten möglich)
8. gestreuter Schmuck
9. Bandschmuck
10. Akzentschmuck.

Weitere Variationen sind im Einzelfall zu prüfen. Der Florist muß sich bewußt machen, daß der Kranzschmuck die Aufgabe hat, Vorhandenes zu betonen.
Der Schmuck muß mit dem Kranzkörper eine Einheit bilden und darf nicht wie aufgesetzt wirken.
Viele Schmuckformen, die in der Praxis gearbeitet werden, sind viel zu hoch und verdecken oftmals den eigentlichen Kranz. Der Schmuck sollte höchstens so hoch sein, wie der Kranzkörper breit ist.

Dekorativer Kranz, bei dem die Blüten im Kranzkörper enthalten sind. Die vorwiegend gelb-grün gestaltete Arbeit wird durch einen rot-violetten Akzent in ihrer Wirkung gesteigert.

Um eine größere Einheit zwischen Kranzkörper und Kranzschmuck zu bilden, ist es sinnvoll den Werkstoff, der im Körper verarbeitet wurde, auch im Schmuck zu verwenden.

Der vegetative Schmuck

Hierbei ist darauf zu achten, daß die Werkstoffe pflanzensoziologisch zusammenpassen. Dieses sollte möglichst auch auf den Werkstoff zutreffen, der im Kranzkörper verwendet wurde.
Insbesondere sollten die Geltungsansprüche, Bewegungen und Strukturen berücksichtigt werden.
Der Schmuck muß so erscheinen, als ob er aus dem Kranzkörper gewachsen wäre. Folgendes Beispiel beschreibt eine vegetative Arbeit:
Kranzkörper aus Wassermoos, Schmuck mit Seerosen, Binsen und Blättern der Schilfpflanze. Da Seerosenblätter nicht sehr haltbar sind, können außerdem Bergenienblätter oder Calthablätter Verwendung finden.

Der formal-lineare Schmuck

Wie schon in dem Kapitel formal-lineare Gestaltungsart beschrieben, kommt es hierbei darauf an, daß Linien und Formen der Werkstoffe den Schmuckwert darstellen. Linien, die durch unterschiedliche Bewegungen Spannung erzeugen, sollen im Kontrast zu Formen stehen. Nur die Verwendung weniger, verschiedener Werkstoffe führt bei diesem Schmuck zum Gestaltungsziel. Geltungsansprüche können bei dieser Schmuckform teilweise unberücksichtigt bleiben.

Formal-linearer Kranz, in dem sich sich Linien und Formen spannungsreich gegenüberstehen. Experimentelle Übungsarbeit.

◀ *Vegetativ gestalteter Kranz*

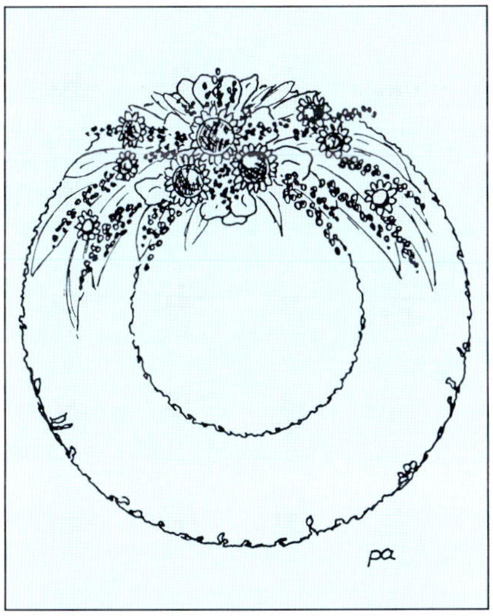

Der dekorativ-symmetrische Schmuck

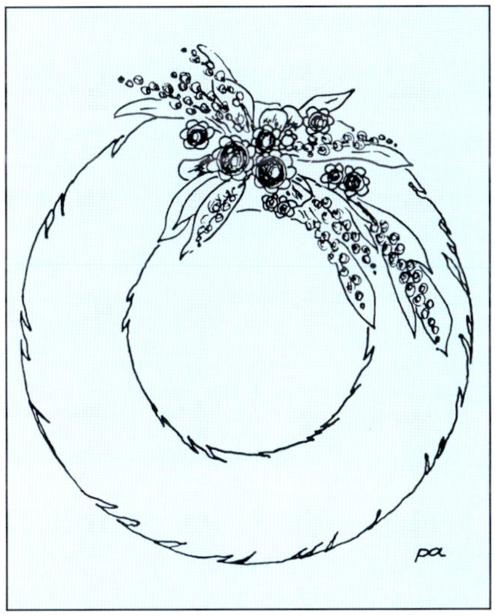

Der dekorativ-asymmetrische Schmuck

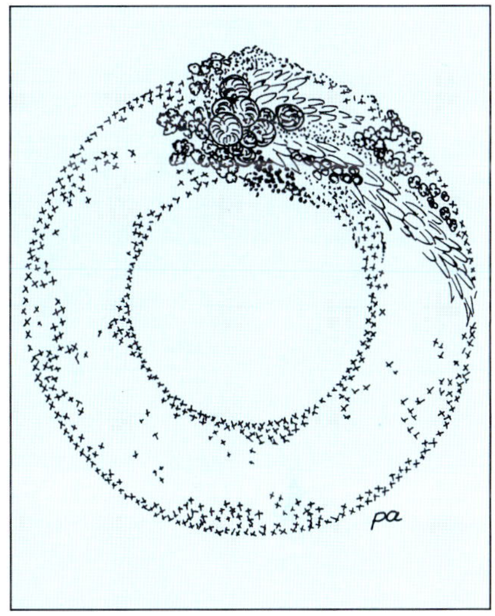

Der Strukturschmuck

Strukturschmuck auf einem schlichten Kranzkörper mit verschiedenem Immergrün, von einem Auszubildenden gearbeitet.

Dekorativer Kranzkörper ▸

Der Straußschmuck

Der Gruppenschmuck

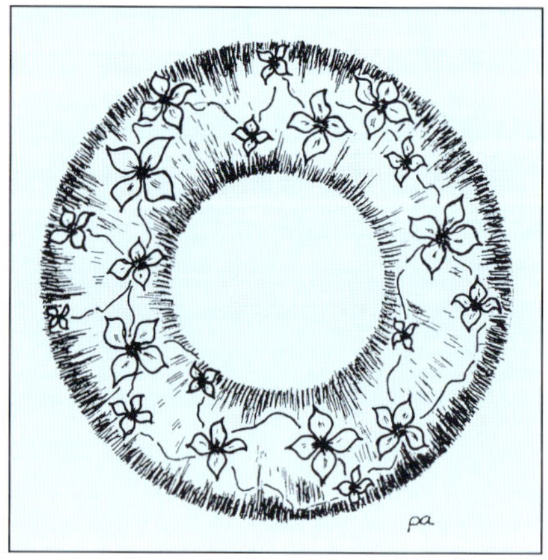

Der gestreute Schmuck

Schlichter Kranzkörper aus Zuckerhutfichte mit eingearbeitetem Gruppenschmuck aus roten Blüten.

In den Farben Gelb, Grün und Braun gestalteter Kranz mit angedeuteter Streuung.

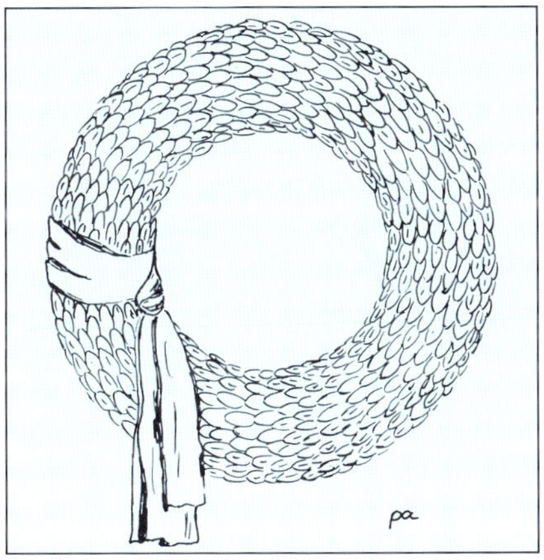

Der Bandschmuck

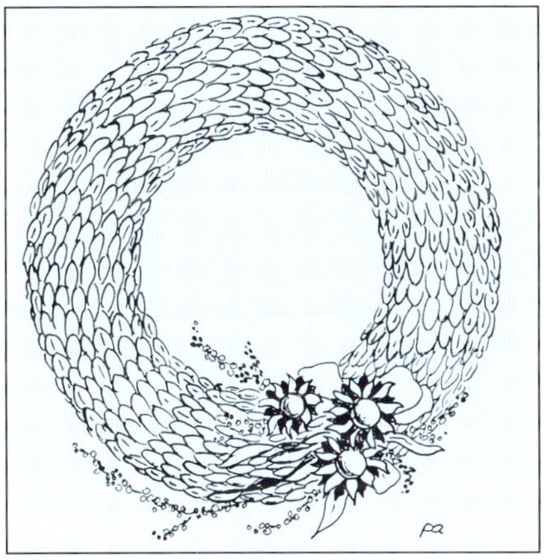

Der Akzentschmuck

Strukturschmuck auf einem schlichten aber gut durchgestalteten Kranzkörper.

Kranzkörper aus Sphagnummoos mit einem Akzent aus Gräsern und einer getrockneten Wasserpflanze.

Strukturelle und lineare Werte stehen fast gleichwertig nebeneinander. Reizvoll ist der farbliche Kontrast zwischen Orange und Pink, der in einem guten Mengenverhältnis zueinander steht.

Kranztypen und Schmuckformen

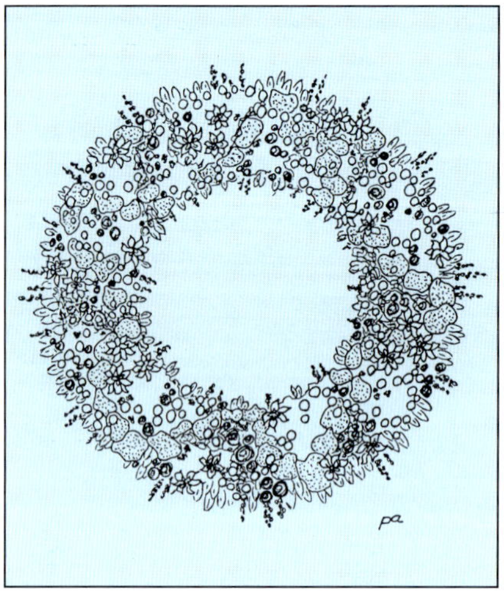

Mit Höhen und Tiefen gestalteter Kranzkörper.

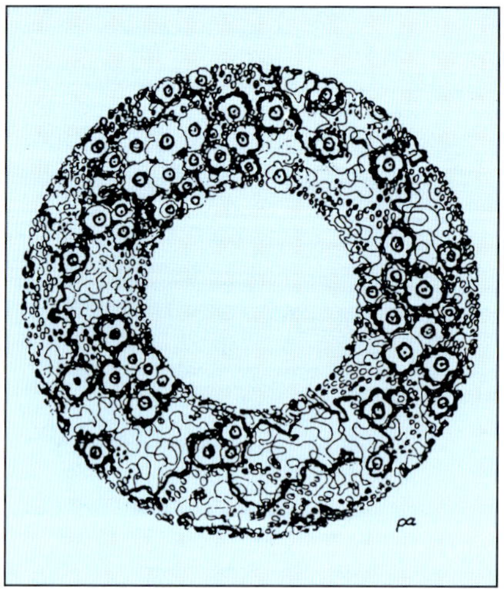

Durchgestalteter Kranzkörper, der durch drei in den Körper eingearbeitete Gruppenteile betont wird.

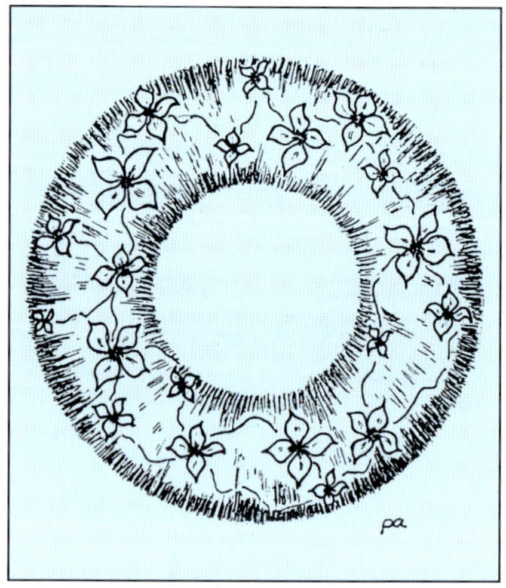

Ruhig wirkender Kranzkörper mit gestreutem Schmuck.

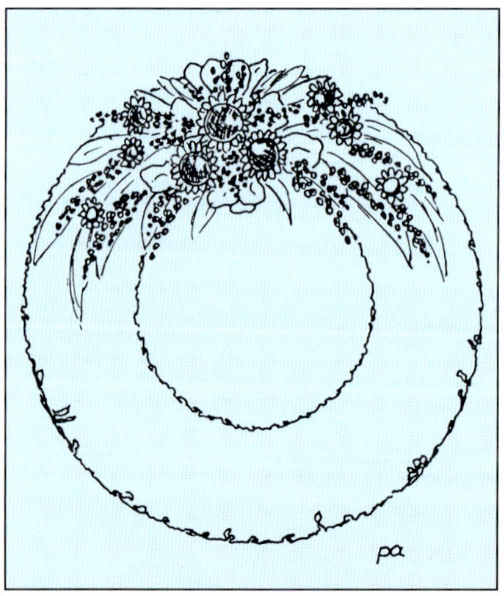

Schlichter Kranzkörper mit symmetrischem Schmuck.

Schlichter Kranzkörper mit asymmetrischem Schmuck.

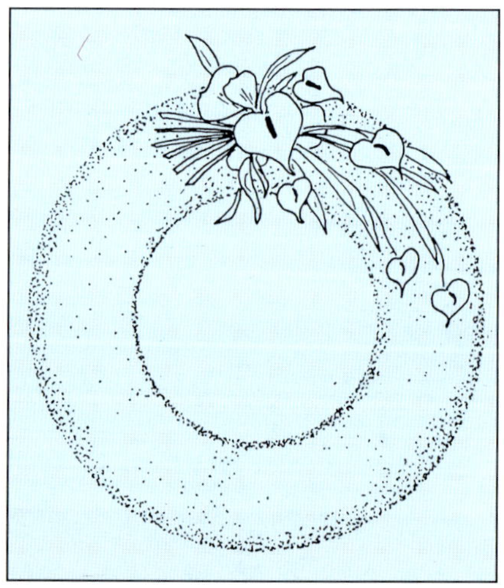

Streng wirkender Kranzkörper mit Straußschmuck.

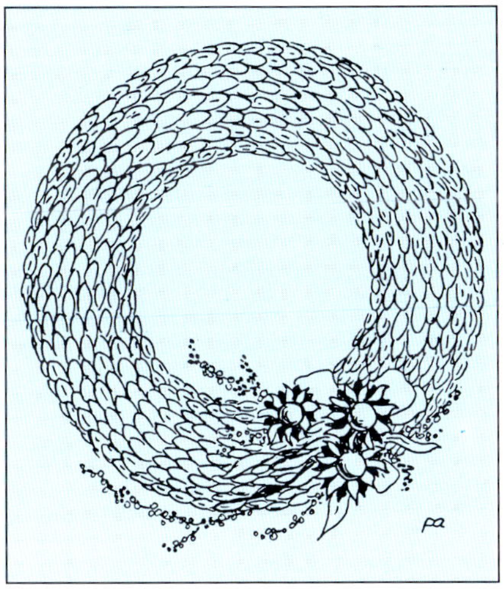

Streng gearbeiteter Kranzkörper mit Akzentschmuck.

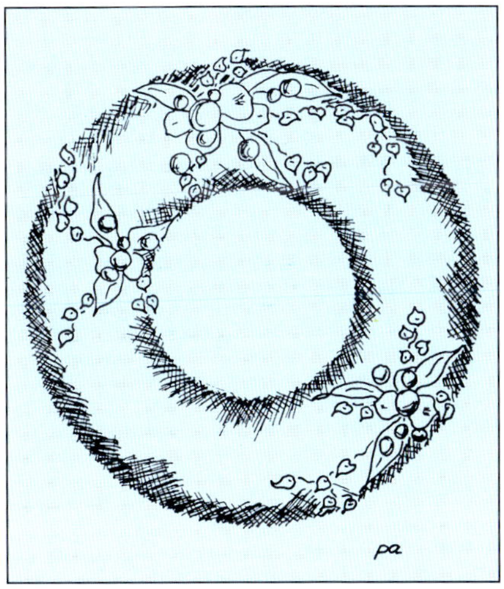

Kranzkörper mit Gruppenschmuck, Haupt-, Gegen- und Nebengruppe.

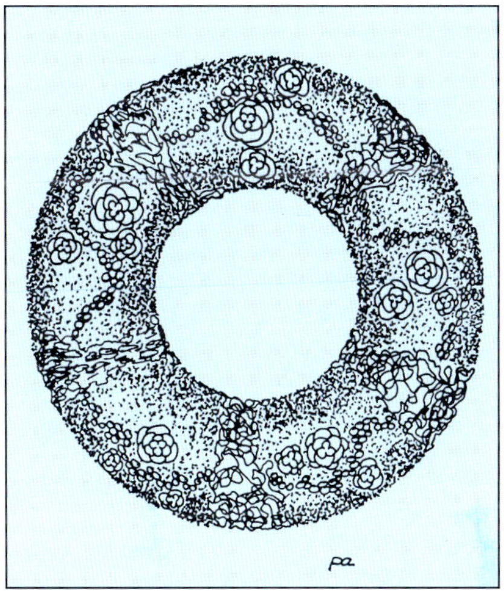

In sich gestalteter Kranzkörper mit geringen Höhen und Tiefen (Strukturkranz).

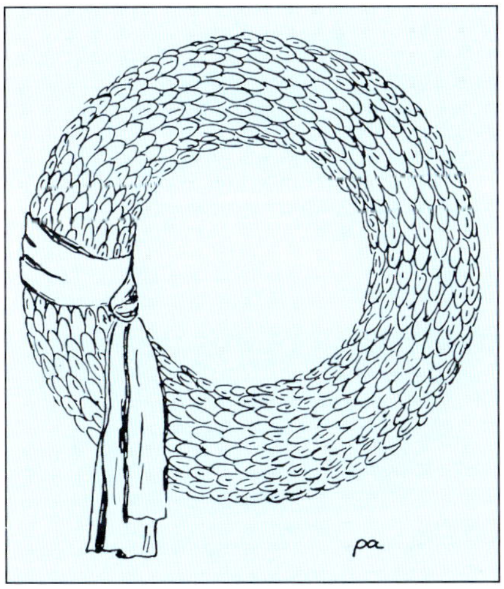

Kranzkörper, zum Beispiel aus Kirschlorbeer gearbeitet, mit Bandschmuck.

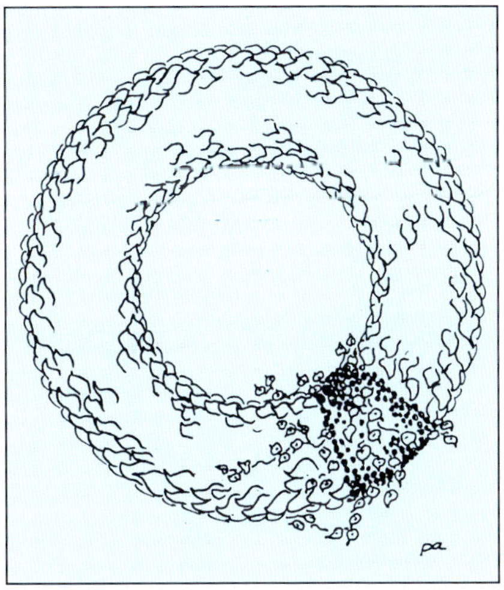

Mit Efeublättern gestalteter Kranzkörper, in dem ein kleiner Teil durch anderen Werkstoff zum Akzent ausgebildet ist.

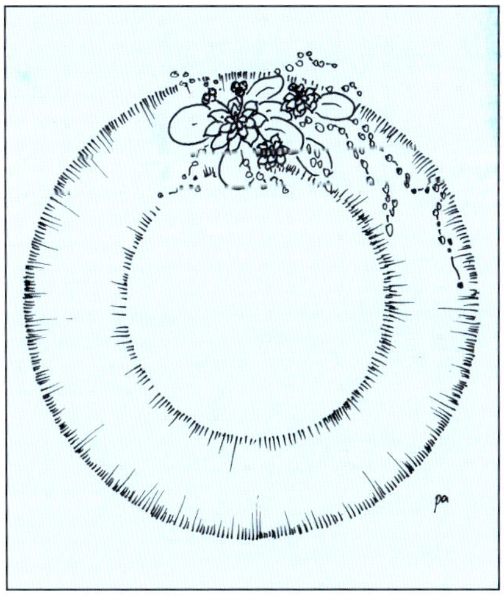

Vegetativer Kranzschmuck.

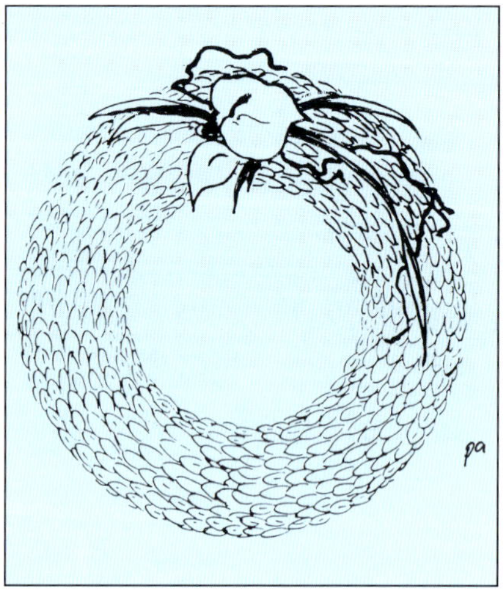

Formal-linearer Kranzschmuck

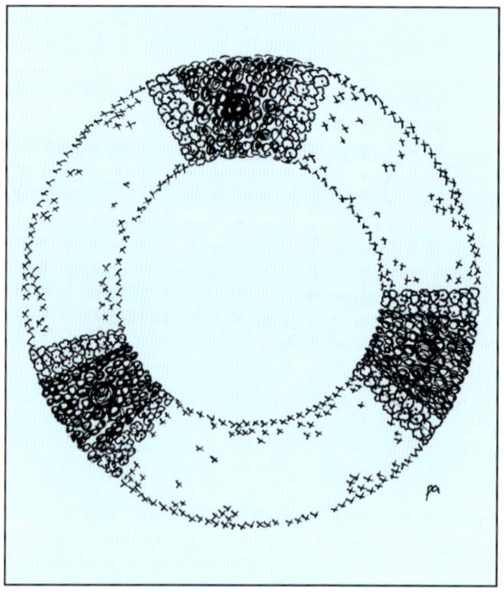

Architektonischer Schmuck, der im Kranzkörper enthalten ist.

Strukturschmuck

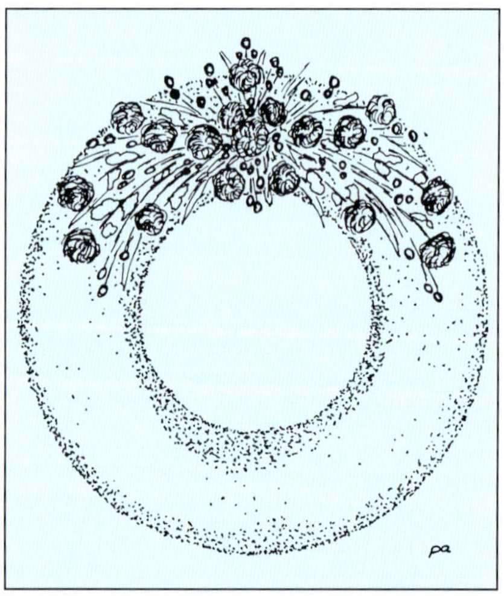

Klar wirkender Kranzkörper mit symmetrischem Schmuck.

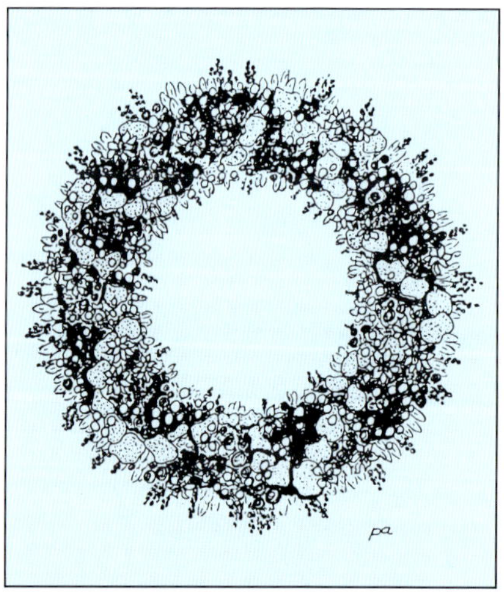

Mit Höhen und Tiefen gestalteter Kranzkörper, der durch seine Helldunkelwirkung einen besonderen Ausdruck besitzt.

Schlichter Kranzkörper mit Straußschmuck.

Handwerkliche und gestalterische Anforderungen

Der Kranz soll auch auf der Unterseite solide und exakt verarbeitet sein.
Er soll dem Zweck entsprechend haltbar und transportabel sein. Die jeweils richtige Technik muß angewendet werden.
Die Hilfsmittel wie Draht, Haften, Steckmasse usw. müssen richtig ausgewählt werden.
Der Werkstoff muß werkstoffgerecht verarbeitet werden (sowohl technisch als auch gestalterisch). Die Proportion muß beachtet werden. Die Gestaltungsart und die mit ihr zusammenhängenden Kriterien müssen berücksichtigt werden.
Der Kranzkörper muß mit dem Kranzschmuck eine Einheit bilden.
Der Kranzschmuck soll nicht größer als ein Drittel des Kranzkörpers sein.
Der Kranz muß die symbolischen Werte beinhalten.

Dekorativer Kranzkörper, in dem neben Blüten und Blättern auch Seidentuch eingearbeitet ist.

Zu dem gelbgrünen Immergrün wurden gelbe Gerbera, sattgrüne Blätter, blauer Stoff und graues Flechtenmoos als Schmuck ausgewählt.

Kranzkörper aus Gaultheriablättern, der an zwei Stellen unterbrochen ist. In diesen Bereichen wurde mit Blüten, Gräsern und Stoffen gestaltet. Zwei Kupferringe schmücken den Anfangsbereich der Gaultheriablätter.

Mit viel Liebe zum Detail gestaltete Kränze, die 1987 auf der Bundesgartenschau im Rahmen der Sonderschau „Floristen gestalten mit Blumen" ausgestellt waren.

Die farblichen Kontraste zum grünen Kranzkörper sind durch die pink und orangefarbene Wolle und durch den Kupferdraht gegeben. Dieser Kranz ist sicher nicht bei jeder Trauerfeier angebracht. Ausstellungsstück Buga 87.

Sehr interessant ist dieser Kranz, der seine Form einerseits durch die Kupferröhren und andererseits durch die Werkstoffe erhält. Ausstellungsstück Buga 87.

31 Keramikgefäße und Objekte

Alte und neue Gefäßformen

Die Töpferei hat einen jahrtausendealten Ursprung. Nicht nur der praktische Nutzen, wie Aufbewahrung von Flüssigkeiten, Lebensmitteln oder die Verwendung als Öllampe wurde der Keramik zugestanden.
Schon in den ersten Kulturen der Menschheit entstanden Schmuckteile aus Keramik. Figürliche, skulpturhafte Keramiken erweiterten die Gestaltungsmöglichkeiten mit Ton.
In der griechischen Antike wurden Vasen und Schalen hergestellt, die zur Aufnahme von Blumen und Pflanzen dienten. Oftmals waren die Gefäße mit Verzierungen verschiedenster Art versehen. Motive von Kriegern, Trauerfeiern, Siegesfeiern oder aus der Pflanzenwelt, wie Blattformen und Reihungen, Girlanden oder Blüten standen im Vordergrund.
Die asiatischen Kulturen brachten neben sehr schlichten, aber wertvollen Gefäßen auch eine besonders große Farbigkeit durch Auftragen von Glasuren in Blüten, Blatt und Zweigformen, ja sogar ganzer Landschaften auf ihre Gefäße. Auch Formen der Tierwelt waren und sind beliebte Motive.

Die nachfolgenden Keramikabbildungen sollen einen kleinen Überblick verschaffen, wie unendlich vielfältig die Formenpalette von Gefäßen und Plastiken sein kann. Für jeden Floristen muß es eine Herausforderung sein, mit und in solchen Gefäßen zu gestalten.
Über Herstellung und Einteilung, zum Beispiel in Hart- und Weichkeramik, finden Sie in den Heften „Warum, Weshalb, Wieso" ausführliche Informationen. Auch in anderen Fachbüchern sind Tabellen und Wissenswertes zu finden. Hier geht es ausschließlich darum, Formen und Farben gegenüber zu stellen und einige objekthafte Keramiken zu zeigen, die womöglich das Angebot in einem Floristik-Fachgeschäft ergänzen können.
Der Verfasser ist sich bewußt, daß die Aufstellung nur einen kleinen Querschnitt zeigt, nicht vollständig ist und im zur Verfügung stehenden Rahmen auch nicht sein kann.
Die Keramiken, deren Hersteller bekannt sind, wurden mit dem Namen der Töpferei bzw. des Töpfers versehen, im übrigen sprechen die abgebildeten Gefäße und Objekte für sich und sollen den Betrachter erfreuen.

Pyramide aus 5 Teilen, Jochen Schimpfle

*Objekt aus 5 Teilen,
Christel Humpert*

Schale, Japan

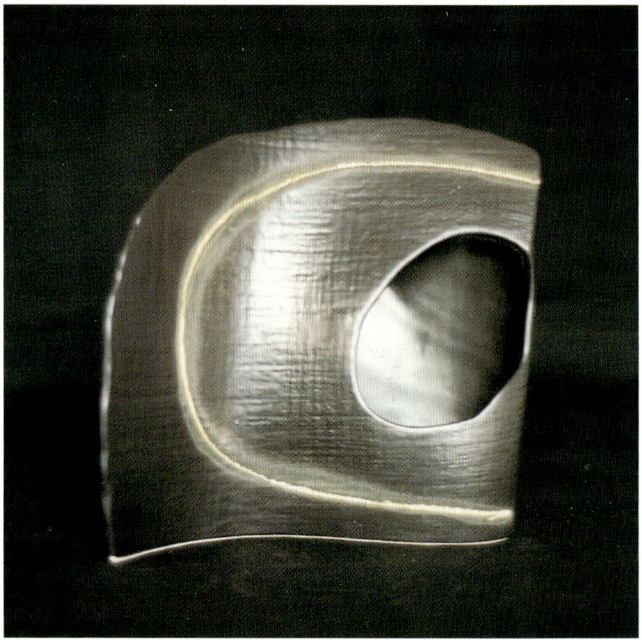

Gefäß für Ikenobo, Japan

Topf und Zylindervase, China

Vasen, China

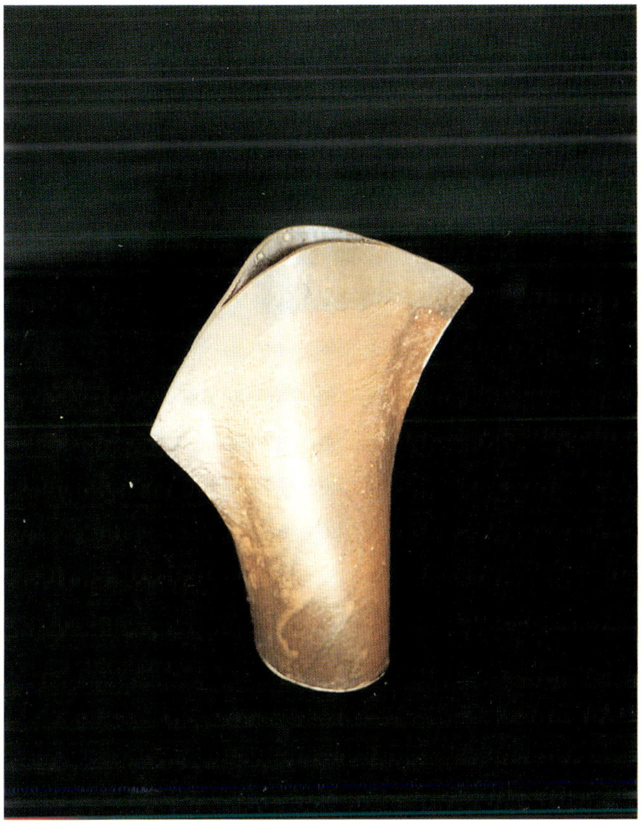

Vasenobjekt, Manfred Hotter

Vasen, Christel Humpert

Vasenobjekte

Schlichtes Seriengefäß in guter Form

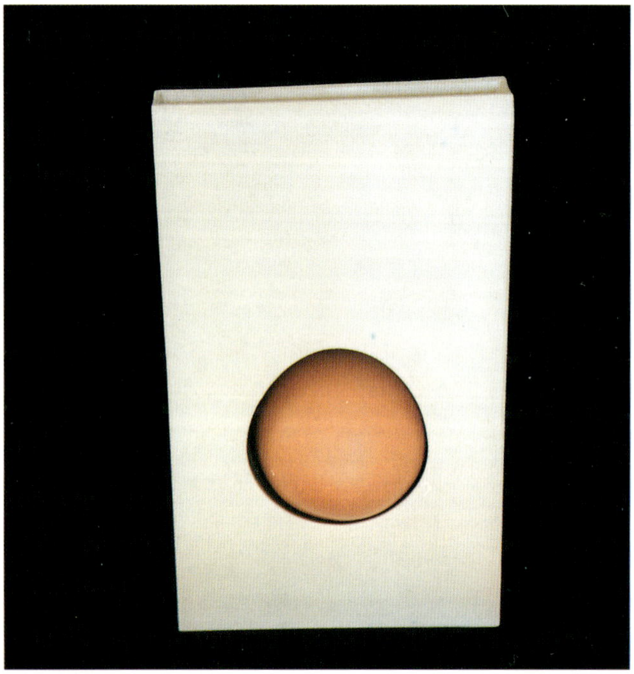

Objekt, Manfred Hotter

Vasen, Manfred Hotter

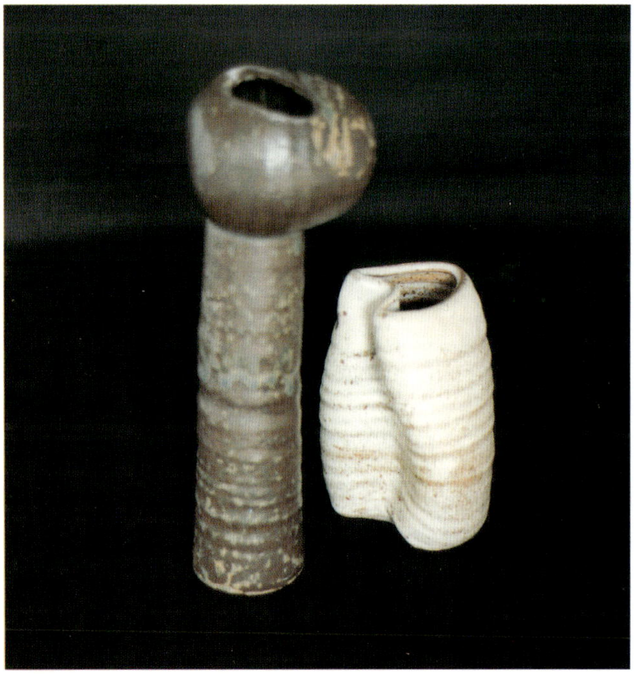

Vasen, Mobach Pottenbakkers

Vase, Robert Sturm

Vasenobjekt, gebaut

Vase, gedreht

Vasenobjekt, gebaut

*Vase, grün-rot glasiert,
Heiner Bergmann, Raku-Keramik*

Krug, Holland

*Bartmannskrug, ca. 17. Jahrh.,
Frechener Keramik*

Bäue

Ge

Botanische Namen Fachbegriffe

32 Botanische Namen

Aus dem umfangreichen Feld der botanischen Namen, die der Florist kennen sollte, sind einige spezielle Bereiche herausgegriffen, und auf den nächsten Seiten als Auswahl aufgeführt.

Neben den weitgehend bekannten Warmhauspflanzen und Schnittblumen gewinnen Gehölze und Stauden in der Floristik immer mehr an Bedeutung.

Gehölze können je nach Art mehrfach im Jahresablauf genutzt werden.

Vorwiegend im Frühjahr bieten sie sich durch ihren Blütenschmuck an, im Sommer als belaubte Äste, die im Herbst bei vielen Sträuchern und Bäumen eine interessante Laubfärbung bekommen.

Aber auch die Farbe oder Struktur der Rinde, die gerade im Winter besonders gut sichtbar ist, macht Gehölze für die Verwendung in der Floristik reizvoll. Skurrile, brüchige oder ausschwingende Formen runden die Palette der Möglichkeiten von Gehölzen in der Gestaltung ab. Natürlich darf auch der Fruchtschmuck im Herbst nicht vergessen werden.

Immergrüne Laub- und Nadelgehölze erschließen zusätzliche Anwendungsmöglichkeiten, und zwar nicht nur in der „Trauerfloristik". Viele Laub- oder Nadelgehölze eignen sich unter anderem auch für Bonsai-Kulturen.

Kübelpflanzen können einen nicht zu unterschätzenden Umsatzfaktor im Blumengeschäft darstellen. Auch Sumpf- und Wasserpflanzen sollten unter diesem Aspekt betrachtet werden, zumal im allgemeinen ein Trend „zurück zur Natur" festzustellen ist (zum Beispiel Gartenteich).

Die Gruppe der Stauden wird in zweifacher Hinsicht für den Floristen von großen Wert sein.

1. Verwendung von Blüten und
2. Verwendung von Blättern.

Pfingstrosen sind zum Beispiel Vertreter dieser Gruppe von Stauden, bei denen sowohl die Blüten als auch die Blätter genutzt werden können.

Blütengehölze

Blütezeit:
Dezember – Januar – Februar

Gattung	Art	Familie	Blütenfarbe
Alnus	glutinosa	Betulaceae	gelb
Chimonanthus	praecox	Calyanthaceae	gelb-braun
Cornus	mas	Cornaceae	gelb
Corylopsis	spicata	Hamamelidaceae	gelb
Corylus	avellana	Betulaceae	gelb
Corylus	maxima	Betulaceae	dunkelrot
Daphne	odorata	Thymelaeaceae	weiß
Erica	herbacea	Ericaceae	weiß
Hamamelis	japonica 'ruby glow'	Hamamelidaceae	dunkelrot
Hamamelis	mollis	Hamamelidaceae	gelb
Jasminum	nudiflorum	Oleaceae	gelb
Mahonia	japonica	Berberidaceae	gelb
Viburnum	farreri	Caprifoliaceae	
Viburnum	x bodnantense	Caprifoliaceae	

Blütengehölze

Blütezeit:
März – April – Mai

Gattung	Art	Familie	Blütenfarbe
Acer	platanoides	Aceraceae	gelb
Aesculus	x carnea	Hippocastanaceae	weiß
Berberis	x stenophylla	Berberidaceae	gelb
Berberis	vulgaris	Berberidaceae	gelb
Calycanthus	floridus	Calycanthaceae	rosa-rot
Carpinus	betulus	Betulaceae	gelb
Clematis	alpina	Ranunculaceae	
Cytisus	x praecox	Leguminosae	gelb
Mahonia	aquifolium	Berberidaceae	gelb
Prunus	padus	Rosaceae	weiß
Prunus	serrulata	Rosaceae	rosa
Prunus	spinosa	Rosaceae	weiß
Prunus	triloba	Rosaceae	rosa
Pyracantha	coccinea	Rosaceae	weiß
Ribes	aureum	Saxifragaceae	gelb
Ribes	sanguineum	Saxifragaceae	rot
Sambucus	nigra	Caprifoliaceae	weiß
Spiraea	x vanhouttei	Rosaceae	weiß
Syringa	-vulgaris-Hybr.	Oleaceae	weiß-lila
Tamarix	chinensis	Tamaricaceae	rosa
Viburnum	lantana	Caprifoliaceae	weiß
Viburnum	opulus	Caprifoliaceae	weiß
Viburnum	tinus	Caprifoliaceae	weiß
Weigela	Hybriden	Caprifoliaceae	weiß-rosa-rot

Blütengehölze

Blütezeit:
März – April – Mai

Gattung	Art	Familie	Blütenfarbe
Amelanchier	canadensis	Rosaceae	weiß
Amelanchier	ovalis	Rosaceae	weiß
Amelanchier	spicata	Rosaceae	weiß
Choenomeles	-Hybriden	Rosaceae	lachsrosa
Choenomeles	japonica	Rosaceae	lachsrosa
Corylopsis	pauciflora	Hamamelidaceae	gelb
Cotoneaster	dammeri var. radicans	Rosaceae	weiß
Cotoneaster	-Watereri-Hybr.	Rosaceae	weiß
Daphne	mezereum	Thymelaeaceae	rosa
Deutzia	-Hybriden x magnifica	Saxifragaceae	weiß
Forsythia	x intermedia	Oleaceae	gelb
Kerria	japonica	Rosaceae	gelb
Kolkwitzia	amabilis	Caprifoliaceae	rosa
Laburnum	anagyroides	Leguminosae	gelb
Laburnum	x watereri	Leguminosae	gelb
Ligustrum	vulgare	Oleaceae	gelb-weiß
Liquidambar	styraciflua	Hamamelidaceae	gelb
Lonicera	x brownii	Caprifoliaceae	orangerot
Lonicera	caprifolium	Caprifoliaceae	gelb-weiß
Lonicera	periclymenum	Caprifoliaceae	gelb-orange-rot
Magnolia	-Soulangiana-Hybriden	Magnoliaceae	rosa-weiß
Malus	Hybriden	Rosaceae	weiß
Malus	sylvestris	Rosaceae	weiß

Fruchttragende Gehölze

Gattung	Art	Familie	Fruchtfarbe
Celastrus	orbiculatus	Celastraceae	gelb-rot
Cotoneaster	-Watereri-Hybr.	Rosaceae	rot
Cotoneaster	horizontalis	Rosaceae	rot
Crataegus	x lavallei	Rosaceae	rot
Crataegus	laevigata 'Rubra Plena'	Rosaceae	scharlachrot
Gaultheria	procumbens	Ericaceae	rot
Hippophae	rhamnoides	Elaeagnacea	orangerot
Ilex	aquifolium	Aquifoliaceae	rot
Ligustrum	vulgare	Oleaceae	schwarz
Mahonia	aquifolium	Berberidaceae	blau-schwarz
Pyracantha	coccinea	Rosaceae	gelb-orange-rot
Rhus	typhina	Anacardiaceae	dunkelrot
Rosa	rugosa	Rosaceae	rot
Rosa	moyesii	Rosaceae	orangerot
Skimmia	japonica	Rutaceae	rot
Sorbus	aucuparia	Rosaceae	rot
Sorbus	intermedia	Rosaceae	rot
Sorbus	latifolia	Rosaceae	gelb
Sorbus	torminalis	Rosaceae	braun
Sambucus	racemosa	Caprifoliaceae	rot
Sambucus	nigra	Caprifoliaceae	schwarz
Symphoricarpos	albus	Caprifoliaceae	weiß
Viburnum	opulus	Caprifoliaceae	rot
Viburnum	tinus	Caprifoliaceae	blau-metallisch

Immergrüne Laubgehölze

Gattung	Art	Familie	deutscher Name
Arbutus	menziesii	Ericaceae	Erdbeerbaum
Cornus	capitata	Cornaceae	Hartriegel
Elaeagnus	pungens	Elaeagnaceae	Ölweide
Erica	arborea	Ericaceae	Baumheide
Eucalypthus	ficifolia	Myrtaceae	
Hebe	speciosa	Scrophulariaceae	Strauchveronica
Ilex	aquifolium	Aquifoliaceae	Stechpalme
Kalmia	angustifolia	Ericaceae	Lorbeerrose
Ligustrum	vulgare	Oleaceae	Liguster
Magnolia	grandifolium	Magnoliaceae	
Pieris	japonica	Ericaceae	Lavendelheide
Prunus	laurocerasus	Rosaceae	Kirschlorbeer
Rhododendron	fortunei	Ericaceae	
Rhododendron	Immergrüne-Hybr.	Ericaceae	
Skimmia	japonica	Rutaceae	
Umbellularia	californica	Lauraceae	Berglorbeer
Viburnum	rhytidophyllum	Caprifoliaceae	Schneeball

Immergrüne Nadelgehölze gelb-grün

Gattung	Art	Familie
Cedrus	atlantica 'Aurea'	Pinaceae
Chamaecyparis	lawsoniana 'Erecta Aurea'	Cupressaceae
Chamaecyparis	lawsoniana 'Lutea'	Cupressaceae
Chamaecyparis	lawsoniana 'Minima Aurea'	Cupressaceae
Chamaecyparis	obtusa 'Tetragona Aurea'	Cupressaceae
Chamaecyparis	obtusa 'Nana Variegata'	Cupressaceae
Chamaecyparis	obtusa 'Nana Gracilis'	Cupressaceae
Chamaecyparis	obtusa 'Marisii'	Cupressaceae
Cupressus	macrocarpa 'Gold Crest'	Cupressaceae
Picea	abies 'Echiniformis'	Pinaceae
Pinus	silvestris 'Aurea'	Pinaceae
Taxus	baccata 'Fastigata Aurea'	Taxaceae
Thuja	occidentalis 'Flobosa'	Cupressaceae
Thuja	orientalis 'Aurea Nana'	Cupressaceae
Thuja	plicata 'Zebrina'	Cupressaceae
Thuja	plicata 'Rogersii'	Cupressaceae

Immergrüne Nadelgehölze blau-grün

Gattung	Art	Familie
Abies	concolor	Pinaceae
Abies	koreana	Pinaceae
Abies	procera	Pinaceae
Cedrus	atlantica 'Glauca'	Pinaceae
Cedrus	deodara	Pinaceae
Chamaecyparis	lawsoniana 'Alumii'	Cupressaceae
Chamaecyparis	pisifera squarrosa	Cupressaceae
Cupressus	arizonica	Cupressaceae
Cupressus	arizonica 'Glauca'	Cupressaceae
Juniperus	chinensis 'Pyramidalis"	Cupressaceae
Juniperus	communis	Cupressaceae
Juniperus	squamata 'Meyeri'	Cupressaceae
Picea	pungens 'Glauca'	Pinaceae
Pinus	strobus	Pinaceae
Pinus	sylvestris 'Wateri'	Pinaceae
Pinus	wallichiana	Pinaceae
Pseudotsuga	menziesii var. glauca	Pinaceae
Sequoia	sempervirens 'Adpresse'	Taxodiaceae

Gehölze, die sich für die Bonsaikultur eignen

Gattung	Art	Familie	deutscher Name
Acer	japonicum	Aceraceae	Ahorn
Acer	palmatum	Aceraceae	Fächerahorn
Carpinus	tschonoskii	Betulaceae	Jap. Hainbuche
Choenomeles	japonica	Rosaceae	Flaschenquitte
Chamaecyparis	obtusa	Cupressaceae	Scheinzypresse
Cotoneaster	horizontalis	Rosaceae	Felsenmispel
Cryptomeria	japonica	Taxodiaceae	Jap. Sicheltanne
Fagus	crenata	Fagaceae	Kerbbuche
Ginkgo	biloba	Ginkgoaceae	Ginkgo
Ilex	serrata	Aquifoliaceae	Stechpalme
Jasminum	nudiflorum	Oleaceae	Jasmin
Juniperus	chinensis	Cupressaceae	chin. Wacholder
Juniperus	rigida	Cupressaceae	Igelwacholder
Larix	kaempferi	Pinaceae	Lärche
Malus	halliana	Rosaceae	Holzapfel
Picea	glehnii	Pinaceae	
Picea	jezoensis	Pinaceae	
Pinus	parviflora var. pentaphylla	Pinaceae	Mädchenkiefer
Pinus	thunbergiana	Pinaceae	Schwarzkiefer
Prunus	mume	Rosaceae	jap. Aprikose
Rhododendron	japonicum	Erikaceae	Azalee
Thuja	orientalis	Cupressaceae	Lebensbaum
Ulmus	parvifolia	Ulmaceae	Ulme
Wisteria	floribunda	Leguminosae	Blauregen
Zellkowa	serrata	Ulmaceae	Zelkowie

Peter Assmann

Geboren 1947 in Frechen.
Ausbildung zum Florist in Köln.
Tätig als Florist in München, Hamburg und Köln.
Weiterbildung zum staatl. geprüften Florist in Freising-Weihenstephan.
Teilnahme an Prüfmeistertagungen in Friesdorf.
Leitung von Fortbildungslehrgängen des Fachverband Deutscher Floristen in Grünberg.
Leitung von Meisterlehrgängen des Fachverband Deutscher Floristen in Grünberg.
Seminarleitung in Österreich, Frankreich, Japan und Deutschland.
Fachdemonstrationen in Italien, Österreich, Frankreich, Japan und Deutschland.
Leitung des floristischen Teils der Weltorchideenausstellung in Frankfurt.
Ausstellung im Rahmen der Sonderschau „Floristen gestalten mit Blumen" Buga Köln und IGA Hamburg.
Leitung von Bundesprüfmeistertagungen, Prüfmeisterseminaren, Meisterfortbildungen und Seminaren zur Vorbereitung auf die Ausbildereignungsprüfung.
Beiträge in der Fachzeitschrift „florist".
Ausarbeitung der Heftreihe „Lernen mit florist".